Node.js 10 实战

忽如寄　王金柱　著

清华大学出版社
北京

内 容 简 介

　　本书以实战开发为原则，以 Node.js 10 原生知识和框架为主线，详细介绍 Node.js 开发的基础知识和相应案例实践，包括 Node.js 的原生模块 http、net、fs、dns、path、assert 等，以及主流的 Express 框架、Meteor 框架、Koa 框架的项目实际使用，同时也包含 Node.js 的单元测试、Node.js 部署、最新的 N-API 开发等方面的应用，还为读者提供了详尽的源代码以及代码注释。

　　本书共 14 章，分为 4 篇，涵盖的主要内容有 Node.js 环境搭建、Node.js 的编码规范、Node.js 包管理机制、Node.js 网络开发、Node.js 文件模块使用、Node.js 数据库开发、Node.js 的单元测试、前端框架 React 的使用、Express 的使用、Koa 框架的使用、Meteor 框架的使用、Nginx 的使用、PM2 的使用、Node.js 包的开发与发布、个人博客的搭建、任务清单项目等。

　　本书内容丰富、实例典型、实用性强，适合希望学习 Node.js 基础以及了解 Node.js 实际使用的人员阅读，尤其适合希望通过编码实例学习 Node.js 开发的人员阅读。

图书在版编目（CIP）数据

Node.js 10 实战 / 忽如寄，王金柱著.—北京：清华大学出版社，2019（2021.1重印）
ISBN 978-7-302-52578-3

Ⅰ. ①N… Ⅱ. ①忽… ②王… Ⅲ. ①JAVA 语言－程序设计 Ⅳ. ①TP312.8

中国版本图书馆 CIP 数据核字（2019）第 043792 号

责任编辑：夏毓彦
封面设计：王　翔
责任校对：闫秀华
责任印制：刘海龙

出版发行：清华大学出版社
　　　　网　　　址：http://www.tup.com.cn，http://www.wqbook.com
　　　　地　　　址：北京清华大学学研大厦 A 座　　　　邮　　编：100084
　　　　社 总 机：010-62770175　　　　邮　　购：010-62786544
　　　　投稿与读者服务：010-62776969，c-service@tup.tsinghua.edu.cn
　　　　质量反馈：010-62772015，zhiliang@tup.tsinghua.edu.cn

印 装 者：三河市龙大印装有限公司
经　　销：全国新华书店
开　　本：190mm×260mm　　　印　　张：19.75　　　字　　数：506 千字
版　　次：2019 年 4 月第 1 版　　　印　　次：2021 年 1 月第 3 次印刷
定　　价：59.00 元

产品编号：081469-01

前　言

　　Node.js 自 2009 年发布伊始便迅速掀起了一阵开发热潮。随着最新的 Node.js 第 10 版在功能上的日臻完善，其在 Web 开发领域已经牢牢占据了属于自己的一方天地。一方面，Node.js 使用 JavaScript 的语法使得服务器和客户端使用同一种语言进行开发成为可能；另一方面，Node.js 通过事件循环和非阻塞 I/O 模型实现的异步处理使得 Node.js 处理大量 I/O 操作具有独特的优势。Node.js 技术目前非常年轻并且正处于高速发展时期，无数的开发者正准备或者已经进入这个领域，只有具有扎实的语言基础和丰富的实战开发经验才能在这个快速发展的领域立足。

　　目前图书市场上关于 Node.js 零基础入门的图书并不多，从语言基础开始介绍并结合案例实践的书籍就更加少了。本书便是以实战为主旨，通过 Node.js 开发中常用的原生模块和典型的项目案例，让读者全面、深入、透彻地理解 Node.js 开发的各种热门技术、各种主流框架及其整合使用，提高实际开发水平和项目实战能力。

本书修订版说明

　　Node.js 10 已正式发布，这是自 Node.js Foundation 开展以来的第 7 个主要版本，本书没有包含 Node.js 10 版本的全部新特性，但是还是结合实践将主要特性融入全书中，包括：

　　（1）第 1 章介绍 Node.js 10 版本的一些主要变动和特色。
　　（2）第 2 章更新各种操作系统下 Node.js 10 环境的搭建。
　　（3）第 4 章修订新版 NPM 的使用、增加 HTTP/2 模块和全新 WHATWG URL 解析器的介绍。
　　（4）第 5 章介绍 async_hooks 的变化，这是一个很关键的功能。
　　（5）第 10 章增加实现异步请求的单元测试新特色。
　　（6）第 14 章增加 N-API 跨版本兼容的一些实践。

本书特色

1. 内容全面、系统，结构合理

　　为了便于读者了解 Node.js 的开发，本书详细、系统地介绍入门阶段的原生模块技术，同时涵盖 Node.js 框架的实战案例。

2. 叙述完整，图文并茂

为了更好地帮助读者进行编程学习，书中附有大量的案例运行效果图，方便读者查看效果。

3. 结合实际，案例丰富

本书提供了大量的实际开发案例，便于读者在了解 Node.js 知识的同时进行案例实践，同时书中所有的案例都给出了完整的代码和详细的注释。

4. 涵盖基础和前沿知识

本书既介绍简单的网络开发、数据库开发等入门知识，又穿插 Express、Koa、Meteor 等框架的前沿知识，让读者在了解基础的同时紧跟前沿技术的步伐。

5. 提供大量的源代码，全部基于最新的 Node.js 10 实现

本书提供大量的源代码，全部代码均基于 Node.js 10 框架实现。另外，所涉及的全部源代码都将开放给读者，以便于学习。

本书内容

第 1 篇　Node.js 概述和开发环境的搭建（第 1~2 章）

本篇介绍开发 Node.js 的主要特点、发展历史和开发环境的搭建，主要包括 Node.js 的特性、应用场景、开发环境的搭建、开发工具的选择以及 Node.js 10 的新特性。

第 2 篇　Node.js 编程基础（第 3~7 章）

本篇介绍 Node.js 常用原生模块的开发基础，主要包括 Node.js 的包管理、模块机制以及 Node.js 开发中最常用的文件模块、网络开发模块、数据库开发模块等知识。

第 3 篇　Node.js 实践（第 8~11 章）

本篇主要介绍 Node.js 在实际开发中的运用，主要包括 Node.js 的 Express、Meteor 框架、Node.js 的单元测试、Node.js 部署中的实际运用。

第 4 篇　Node.js 项目案例（第 12~14 章）

本篇主要介绍 4 个项目案例的开发过程，主要包括个人博客系统、任务清单、NPM 包和 N-API 设计，涉及 Express 和 Meteor 框架的使用以及需求分析、数据库设计、业务层设计和表示层设计的详细过程，还涉及 NPM 包的开发与发布、Node.js 10 新发布的 N-API 功能的设计与实现。

代码下载

本书示例源代码可以扫描下面的二维码下载。如果下载有问题，或者对本书有什么疑问和建议，请联系 booksaga@163.com，邮件主题为"Node.js 10 实战"。

本书读者

- 所有 Web 前端开发人员。
- 想要全面学习 Node.js 开发技术的人员。
- 广大 Web 开发程序员。
- Node.js 程序员。
- 想要进入 Node.js 领域的前端开发人员。
- 希望提高项目开发水平的人员。
- 专业培训机构的学员。
- 需要一本案头必备查询手册的 Web 开发人员。

本书第 1 版由忽如寄主笔，第 2 版由王金柱修订整理，其他创作人员还有吴贵文、薛淑英、董山海，在此表示感谢。由于时间因素和作者水平有限，读者在阅读中发现本书存在什么疑问或者建议，敬请联系作者。

作　者
2019 年 1 月

目　录

第一篇　Node.js 概述和开发环境的搭建

第二篇　Node.js 编程基础

第三篇　Node.js 实践

第一篇

Node.js概述和开发环境的搭建

第 1 章
◀Node.js介绍▶

Node.js 是一个基于 JavaScript 的跨平台开发语言。随着全栈开发技术的不断推广和日益盛行，Node.js 逐渐成为一种非常流行的开发语言。本章主要对 Node.js 进行整体介绍，并对其发展历史和相关版本进行详细的说明，同时会介绍在今后开发中所涉及的基础知识。

通过本章的学习可以掌握以下内容：

- Node.js 的发展历史和特点。
- V8 引擎的介绍及其与 Node.js 之间的关系。
- Node.js 的一些应用场景。
- Node.js 在中国的发展及相关资源。

1.1 Node.js 简介

Node.js 是一个基于 Google 所开发的浏览器 Chrome V8 引擎的 JavaScript 运行环境。Node.js 使用多种先进的技术，其中包括事件驱动和非阻塞式 I/O 模型，使其轻量又高效，受到众多开发者的追捧。

简单来说，Node.js 就是运行在服务端的 JavaScript，可以稳定地在各种平台下运行，包括 Linux、Windows、Mac OS X、SunOS 和 FreeBSD 等众多平台。

作为 Web 前端最重要的语言之一，JavaScript 一直是前端工程师的专利。不过，Node.js 是一个后端的 JavaScript 运行环境（支持的系统包括 Linux、Windows），这意味着我们可以编写系统级或者服务器端的 JavaScript 代码，交给 Node.js 来解释执行。

简单的 Node.js 命令类似于：

```
#node helloworld.js
```

由于采用 V8 引擎执行 JavaScript 的速度非常快，因此 Node.js 开发出来的应用程序性能非常好。Node.js 已经成为全栈开发的首选语言之一，并且从它衍生出众多出色的全栈开发框架。Node.js 已经在全球被众多公司使用，包括创业公司 Voxer、Uber 以及沃尔玛、微软这样的知名公司。它们每天通过 Node 处理的请求数以亿计，可以说在要求苛刻的服务器系统，Node.js 也可以轻松胜任。

Node.js 还包括一个完善的社区。在 Node.js 的官方网站（http://nodejs.org/）可以找到大量的文档和示例程序，并且 Node.js 还有一个强大的包管理器 NPM。渐渐地，越来越多的人参与到本项目中来，可用的第三方模块和扩展增长迅猛，而且质量也在不断提升，Node.js 已经是全球较大的开源库生态系统之一。

 Node.js 不是一个 JavaScript 应用，而是一个 JavaScript 的运行环境，由 C++ 语言编写而成。

1.2 Node.js 的发展历史和特点

任何语言或框架都不是一天形成的，而是经过漫长的测试、发布、再测试、再发布的迭代过程。本节就来介绍一下 Node.js 的发展过程。

1.2.1 Node.js 发展历史

Node.js 的创始人是大名鼎鼎的 Ryan Dahl。他本来是学数学的，2008 年年末一个偶然的机会让他了解到 Google 推出了一个新的浏览器 Chrome 和崭新的 JavaScript 引擎 V8。他听说这是一个为了更快的 Web 体验而专门制作的更快的 JavaScript 引擎，V8 能够让 Web 应用大大提速。当时，他正在寻找一个新的编程平台来做网站，他非常希望能找到一种语言提供先进的推送功能并集成到网站中，而不是采用传统的方式——不断轮询拉取数据。

Ryan Dahl 对 C/C++ 和系统调用非常熟悉，他使用系统调用（用 C）实现消息推送这样的功能。如果只使用非阻塞式 Socket，每个连接的开销都会非常小。在小规模测试中，它能同时处理几千个闲置连接，并可以实现相当大的吞吐量。但是，他并不想使用 C，他希望采用另一种漂亮、灵活的动态语言。他最初也希望采用 Ruby 来写 Node.js，但是后来发现 Ruby 虚拟机的性能不能满足要求，后来便尝试采用 V8 引擎，所以选择了 C++ 语言。

2009 年 2 月，Ryan Dahl 首次在自己的博客上宣布准备基于 V8 创建一个轻量级的 Web 服务器并提供一套库，并在 2009 年 5 月正式在 GitHub 上发布最初版本的部分 Node.js 包。随后几个月里，有人开始使用 Node.js 开发应用。实践证明，JavaScript 与非阻塞 Socket 配合得相当完美，只需要简单的几行 JavaScript 代码就可以构建出非常复杂的非阻塞服务器。

2010 年年底，Node.js 获得云计算服务商 Joyent 资助。创始人 Ryan Dahl 加入 Joyent，全职负责 Node.js 的发展。Node.js 从此以后迅猛发展，并成为一种流行的开发语言。

在官方网站上，Node.js 的版本号是从 0.1.14 开始的，每个发布版本对应不同的 V8 引擎版本和 NPM 包管理器版本，截至作者写作本书时，最新的版本为 V10.9.0，其各个主要版本的具体发布时间参见表 1-1（2014 年以后）。

表 1-1　Node.js 版本的发布时间（2014 年以后）

版本	日期
Node.js V10.9.0	2018-08-15
Node.js v9.11.2	2018-06-12
Node.js v8.10.0	2018-03-06
Node.js v7.10.1	2017-07-11
Node.js v6.11.0	2017-06-06
Node.js v6.0.0	2016-04-26
Node.js v5.0.0	2015-10-29
Node.js v4.2.0	2015-10-12
Node.js v4.0.0	2015-09-08

 从 1.x 到 3.x 版本，Node.js 的名称曾经被修改为 io.js，从 Node.js 4.0.0 开始，io.js 的全部代码就合并到 Node.js 的主干发布版本之中了。

Node.js 的发展大致可以分为以下 4 个阶段。

（1）发展初期。创始人 Ryan Dahl 带着他的团队开发出以 Web 为中心的 Web.js，一切都非常混乱，API 大多处于研究阶段。

（2）快速发展时期。Node.js 的核心用户 Isaac Z. Schlueter 开发出奠定 Node.js 如今地位的重要工具——NPM，同时也为他后来成为 Ryan 的接班人奠定了基础。之后 Connect、Express、Socket.io 等库的出现吸引了一大波爱好者加入 Node.js 开发者的阵营中来。CoffeeScript 的出现更是让不少 Ruby 和 Python 开发者找到了学习的理由。其间一大波以 Node.js 作为运行环境的 CLI 工具涌现，其中不乏用于加速前端开发的优秀工具，如 Less、UglifyJS、Browserify、Grunt 等。这个阶段 Node.js 的发展势如破竹。

（3）不稳定时期。经过一大批一线工程师的探索实践后，Node.js 开始进入时代的更迭期，新模式代替旧模式，新技术代替旧技术，好实践代替旧实践。ES 6 也开始出现在 Node.js 世界中。ES 6 的发展越来越快，V8 也对 ES 6 中的部分特性实现了支持，如 Generator 等。

（4）稳步发展时期。随着 ES 2015 的发展和最终定稿，一大批利用 ES 2015 特性开发的新模块出现，如原 Express 核心团队所开发的 Koa。Node.js 之父 Ryan Dahl 退出 Node.js 的核心开发，转而做其他的研究项目。Ryan Dahl 的接任者 Isaac Schlueter（也是 Node.js 的核心构建者）将 Node.js 一直开发下去并不断完善。

1.2.2　Node.js 未来版本规划

Node.js 的核心团队已经为 Node.js 的长远发展做好了详细计划。图 1.1 所示是 Node.js 到 2019 年 10 月为止的所有版本计划及发布时间表。

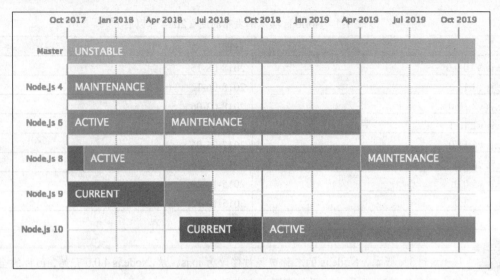

图 1.1　计划及发布时间表

1.2.3　Node.js 的结构

前面介绍了 Node.js 是一个完整的 JavaScript 开发环境，并且是基于 Google 的 Chrome V8 引擎进行代码解释的。它在设计之初就已经定位用来解决传统 Web 开发语言所遇到的诸多问题，所以 Node.js 有很多其他开发语言所不具备的优点，包括事件驱动、异步编程等。下面我们先介绍一下 Node.js 的结构，然后详细分析 Node.js 的一些主要特点。

图 1.2 中，浅色部分是由 JavaScript 编写的，深色部分是由 C/C++ 完成的。从图 1.2 中可以看出，Node.js 的结构大致分为以下 3 个层次。

- Node.js 标准库。这部分是由 JavaScript 编写的，即我们使用过程中能直接调用的 API。在源码中的 lib 目录下可以看到。
- Node bindings。这一层是 JavaScript 与底层 C/C++ 能够沟通的关键，前者通过 bindings 调用后者，相互交换数据。
- 支撑 Node.js 运行的基础构件。这层内容比较多，下面详细介绍。

支撑 Node.js 运行的基础构件是由 C/C++ 实现的，其中包括四大部分。

- V8：Google 推出的 JavaScript VM，也是 Node.js 使用 JavaScript 的关键，它为 JavaScript 提供了在非浏览器端运行的环境，它的高效是 Node.js 之所以高效的原因之一。
- libuv：为 Node.js 提供了跨平台、线程池、事件池、异步 I/O 等能力，是 Node.js 如此强大的关键。
- C-ares：提供了异步处理 DNS 相关的能力。
- http_parser、OpenSSL、zlib 等：提供包括 HTTP 解析、SSL、数据压缩等能力。

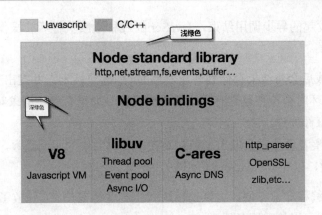

图 1.2　Node.js 的结构

1.2.4　Node.js v10 的特点及新变化

都说 Node.js 强大，这种强大体现在很多方面，如事件驱动、异步处理、非阻塞 I/O 等。这里将介绍 Node.js 具备的不同于其他框架的特点。

1. 事件驱动

在某些传统语言的网络编程中，我们会用到回调函数，比如当 Socket 资源达到某种状态时，注册的回调函数就会执行。Node.js 的设计思想以事件驱动为核心，它提供的绝大多数 API 都是基于事件的、异步的风格。以 Net 模块为例，其中的 net.Socket 对象的事件有 connect、data、end、timeout、drain、error、close 等。使用 Node.js 的开发人员需要根据自己的业务逻辑注册相应的回调函数。这些回调函数都是异步执行的。这意味着虽然在代码结构中这些函数看似是依次注册的，但是它们并不依赖于自身出现的顺序，而是等待相应的事件触发。

事件驱动的优势在于充分利用了系统资源，执行代码无须阻塞等待某种操作完成，有限的资源可以用于其他的任务。此类设计非常适合后端的网络服务编程，Node.js 的目标也在于此。在服务器开发中，并发的请求处理是一个大问题，阻塞式的函数会导致资源浪费和时间延迟。通过事件注册、异步函数，开发人员可以提高资源的利用率，性能也会改善。

2. 异步、非阻塞 I/O

从 Node.js 提供的支持模块中，我们可以看到包括文件操作在内的许多函数都是异步执行的。这和传统语言存在区别。为了方便服务器开发，Node.js 的网络模块特别多，包括 HTTP、DNS、NET、UDP、HTTPS、TLS 等。开发人员可以在此基础上快速构建 Web 服务器。

一个异步 I/O 的大致流程如图 1.3 所示，讲解如下。

（1）发起 I/O 调用

① 用户通过 JavaScript 代码调用 Node 核心模块，将参数和回调函数传入核心模块。

② Node 核心模块会将传入的参数和回调函数封装成一个请求对象。

③ 将这个请求对象推入 I/O 线程池等待执行。

④ JavaScript 发起的异步调用结束，JavaScript 线程继续执行后续操作。

（2）执行回调

① I/O 操作完成后会将结果存储到请求对象的 result 属性上，并发出操作完成的通知。

② 每次事件循环时会检查是否有完成的 I/O 操作，如果有就将请求对象加入 I/O 观察者队列中，之后当作事件处理。

③ 处理 I/O 观察者事件时会取出之前封装在请求对象中的回调函数，执行这个回调函数，并将 result 当作参数，以完成 JavaScript 回调的目的。

Node.js 的网络编程非常方便，提供的模块（在这里是 HTTP）开放了容易上手的 API 接口，短短几行代码就可以构建服务器。

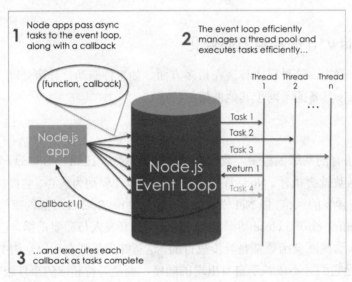

图 1.3　异步 I/O 的流程

3. 性能出众

创始人 Ryan Dahl 在设计的时候就考虑了性能方面的问题，选择 C++和 V8，而不是 Ruby 或者其他的虚拟机。Node.js 在设计上以单进程、单线程模式运行。事件驱动机制是 Node.js 通过内部单线程高效率地维护事件循环队列来实现的，没有多线程的资源占用和上下文切换。这意味着面对大规模的 HTTP 请求，Node.js 是凭借事件驱动来完成的。从大量的测试结果分析来看，Node.js 的处理性能是非常出色的，在 QPS 达到 16700 次时，内存仅占用 30MB（测试环境：RHEL 5.2、CPU 2.2GHz、内存 4GB）。

4. 单线程

Node.js 和大名鼎鼎的 Nginx 一样，都是以单线程为基础的。这正是 Node.js 保持轻量级和高性能的关键，也是 Ryan Dahl 设计 Node.js 的初衷。这里的单线程是指主线程为"单线程"，所有阻塞的部分交给一个线程池处理，然后这个主线程通过一个队列跟线程池协作。我们写的

JS 代码部分不用再关心线程问题，代码也主要由一堆 callback 回调构成，然后主线程在循环过程中适时调用这些代码。

单线程除了保证 Node.js 的高性能之外，还保证了绝对的线程安全，使开发者不用担心同一变量同时被多个线程读写而造成的程序崩溃。

5. 新变化

Node.js V10 版本的正式发布标志着 Node.js Foundation 自诞生以来走到了第 7 个主要版本，并且该版本在 2018 年 10 月成为下一个 LTS 分支。关于 Node.js V10 版本的新功能和新变化基本概括如下。

（1）最新的 Node.js V10 版本自带了定制化的 Node-ChakraCore 引擎，其新增的功能具体包括：

① 全面支持 N-API。
② 可轻松通过新的 Visual Studio Code Extension 进行 Time-Travel 调试。
③ 支持 TTD 的生成器和异步函数。
④ 支持 Inspector 协议。
⑤ 增强稳定性和其他各种改进。

（2）最新的 Node.js V10 版本做了如下重要的更新：

① N-API native addons API 已结束实验状态。
② Async_hooks 过时的实验性 async_hooks API 已被删除。
③ Child Process 忽略了未定义的 env 属性。
④ Console 新增了 console.table()方法。
⑤ 关于 Crypto 功能：

● crypto.createCipher() 方法和 crypto.createDecipher() 方法已经被弃用，同时被 crypto.createCipheriv()方法和 crypto.createDecipheriv()方法所代替。
● decipher.finaltol()方法已被弃用。
● crypto.DEFAULT_ENCODING 属性已被弃用。
● 新增 ECDH.convertKey()方法。
● crypto.fips 属性已经被弃用。

⑥ 依赖更新：

● Google V8 已升级至 6.6 版本。
● OpenSSL 已升级至 1.1.0h 版本。

1.2.5　Node.js 的应用场景

Node.js 可以应用到很多方面，可以说从 Node.js 开始，程序员可以使用 JavaScript 来开发服务器端的程序了。Node.js 为前端开发程序员提供了便利，并在各大网站中承担重要角色，成为开发高并发大型网络应用的关键技术。Web 站点早已不局限于内容的呈现，很多交互型和协作型环境也逐渐被搬到了网站上，而且这种需求还在不断地增长。这就是所谓的数据密集型实时（data-intensive real-time）应用程序，比如在线协作的白板、多人在线游戏等，这种 Web 应用程序需要一个能够实时响应大量并发用户请求的平台支撑它们，这正是 Node.js 擅长的领域。此外，Node.js 的跨平台特性是使用 Node.js 语言开发流行的另一大原因。

Node.js 的主要应用场景如下：

- JSON APIs——构建一个 Rest/JSON API 服务，Node.js 可以充分发挥其非阻塞 IO 模型以及 JavaScript 对 JSON 的功能支持（如 JSON.stringfy 函数）。
- 单页面、多 Ajax 请求应用——如 Gmail，前端有大量的异步请求，需要服务后端有极高的响应速度。
- 基于 Node.js 开发 UNIX 命令行工具——Node.js 可以大量生产子进程，并以流的方式输出，这使得它非常适合做 UNIX 命令行工具。
- 流式数据——传统的 Web 应用通常会将 HTTP 请求和响应看成原子事件，而 Node.js 会充分利用流式数据这个特点构建非常酷的应用，如实时文件上传系统 transloadit。
- 准实时应用系统——如聊天系统、微博系统，但 JavaScript 是有垃圾回收机制的，这就意味着系统的响应时间是不平滑的（GC 垃圾回收会导致系统这一时刻停止工作）。如果想要构建硬实时应用系统，Erlang 是一个不错的选择。

例如，实时互动交互比较多的社交网站（像 Twitter 这样的公司）必须接收 tweets 并将其写入数据库。实际上，每秒几乎有数千条 tweet 到达，数据库不可能及时处理高峰时段所需的写入数量。Node 成为这个问题解决方案的重要一环。Node 能处理数万条入站 tweet。它能快速而又轻松地将 tweets 写入一个内存排队机制（例如 memcached），另一个单独进程可以从那里将 tweets 写入数据库。Node 能处理每个连接而不会阻塞通道，从而能够捕获尽可能多的 tweets。

虽然看起来 Node.js 可以做很多事情，并且拥有很高的性能，但是 Node.js 并不是万能的，有一些类型的应用，Node.js 可能处理起来会比较吃力。例如，CPU 密集型的应用、模板渲染、压缩/解压缩、加/解密等操作都是 Node.js 的软肋。

1.3 Node.js 在中国的发展

Node.js 在发展初期，国内就有大量的开发者开始持续关注了。随着 Node.js 的不断成熟，很多国内的公司都开始采用这一新技术。2013 年、2014 年、2015 年的 JS 中国开发者大会都将 Node.js 作为主要的宣讲内容，Node.js 也受国内的开发爱好者追捧。Node.js 开发者在国内的数量不断增加，并涌现出很多组织和机构来自发地进行推广和技术分享。

国内的各大视频培训网站上都有 Node.js 开发的培训教程，各大门户网站也都或多或少地采用了 Node.js 的开发技术，淘宝、网易、百度等有很多项目都运行在 Node.js 之上。阿里云是在这方面比较靠前的公司，其云平台率先支持 Node.js 的开发。淘宝也为 Node.js 搭建了国内的 NPM 镜像网站，方便国内的开发者下载各种开发包。

1.3.1　Node.js 中文资源汇总

（1）有关于 Node.js 最新版本的下载和新闻、丰富的文档资料，非常值得认真学习，是 Node.js 开发爱好者不容错过的网站，网址为 http:// http://nodejs.cn/。

（2）CNode 社区，由一批热爱 Node.js 技术的工程师发起，已经吸引了各个互联网公司的专业技术人员加入，是目前国内非常具有影响力的 Node.js 开源技术社区，致力于 Node.js 的技术研究，并有论坛会定期组织一些技术交流活动，网址为 https://cnodejs.org/。

（3）全栈技术社区，是一个专业的 Node.js 中文知识分享社区，致力于普及 Node.js 知识，分享 Node.js 研究成果，努力推进 Node.js 在中国的应用和发展，网站有大量的技术博客和文章，各个级别的开发者都能找到适合自己学习的资料，网址为 https://www.nodejsnet.com/。

（4）淘宝 NPM 镜像，是一个完整 npmjs.org 镜像，可以用此代替官方版本，同步频率为每 10 分钟一次，以保证尽量与官方服务同步，网址为 https://npm.taobao.org/。

每年的 JS 中国开发者大会和各种 Node.js 分享沙龙都是很好的学习 Node.js 开发技术和交流的机会。一个开发者要时刻保持谦虚的心态，并不断学习最新的技术。这对开发者来说是一种基本能力和素养。

1.3.2　Node.js 的发展和未来

Node.js 在创建之初是为了开发即时通信的 Web 应用，当然现在的 Node.js 已绝不只是一套简单的 Web 堆栈——作为一项技术，它在多个层面焕发出勃勃生机，价值已经远远超出了常见 Web 服务器的范畴。

例如，一款由 Jacob Groundwater 打造的项目 NodeOS，其创始人希望围绕 Linux 核心建立一套新型环境。其中，Node.js 作为"shell"，而 Node 的 NPM 则被用于系统包管理器。截至目前，NodeOS 的首个版本已经创建完成。Node.js 还被用来作为硬件控制的工具代替 C/C++，Noduino 允许大家经由 WebSocket 或者串连接实现 Arduino 访问。该项目虽然尚处于起步阶段，但是驱动主板上的 LED 模块、捕捉来自 Arduino 的事件（例如按下按钮）等常见功能都已经可以正常支持，以后就可以通过网页直接控制 Arduino 硬件和其他物联网设备了。

2016 年，Node.js 发布了两个重量级的版本：v4.4.0 LTS（长期支持版本）和 v5.9.0 Stable（稳定版本），并且成立了 Node.js 基金会，能够让 Node.js 在未来有更好的开源社区支持。Node.js 基金会的创始成员包括 Joyent、IBM、Paypal、微软、Fidelity 和 Linux 基金会。Node.js 的 core（核心）已经非常稳定并逐步被广大开发者认可，进而进行大规模使用。著名的 Node.js 包管理工具 NPM 在 2014 年成为软件开发世界中包管理工具的龙头老大，现在 NPM 包含的模块数是 Java 以及 Ruby 的包管理工具模块数的两倍。图 1.4 反映了 NPM 包管理工具的增长情况。

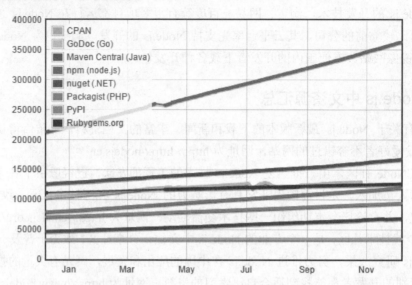

图 1.4　NPM 包管理工具的增长情况

 数据来源于 http://www.modulecounts.com/。

2018 年上半年，Node.js 和 NPM 的普及率进一步提升。大公司对 Node.js 的应用持续提升，并推出更多对企业级友好功能的长期计划，可能预示着 Node.js 在企业中会持续增长，替换一部分像 Java 和.NET 这样的典型解决方案。Node.js 诞生于 2009 年，其年龄远不如 Python、Ruby、PHP 等老牌开发语言，但是它成为有史以来发展最快的开发工具。可以预见，在未来的几年 Node.js 技术会不断发展，成为 Web 开发的核心技术，并从现有的 Java、PHP 等语言中争夺到更多的份额。

1.4 温故知新

学完本章内容，读者需要回答：

1. Node.js 有哪几大主要特性？
2. Node.js V10 有哪些新变化？
3. 在选择 Node.js 开发的时候有哪些注意事项？

第 2 章
◀ 部署Node.js开发环境 ▶

部署 Node.js 开发环境是正式接触 Node.js 的第一步。Node.js 可以在多个不同的平台稳定运行，并且具有良好的兼容性。但是 Node.js 部署在不同操作系统下的方法并不完全一致，本章主要介绍如何在各个操作系统平台下进行 Node.js 的部署。

通过本章的学习，可以掌握以下内容：

- Windows 部署：学会如何在 Windows 操作系统上安装 Node.js。
- Linux 部署：学会在各种 Linux 发行版本上部署 Node.js 开发环境。
- Mac OS X 部署：学会在 Mac 的 OS X 系统上部署 Node.js 开发环境。
- 树莓派 3 部署：学习如何使用 nvm 在树莓派 3 上部署 Node.js 开发环境。
- 开发工具介绍：介绍 Sublime Text 3 的使用方法和 Node.js 插件的安装。

2.1 在 Windows 10 下部署 Node.js 开发环境

Node.js 可以在 Windows 系统下稳定运行，本节主要介绍 Windows 10 下的 Node.js 环境部署。在 Windows 中进行 Node.js 环境部署是相对比较简单的，首先从 Node.js 的官方网站（https://nodejs.org/en/download/）上下载最新的 Windows 安装包，国内用户可以通过 Node.js 官方中文站点（http://nodejs.cn/download/）进行下载。中文站点的下载页面和英文站点的布局略有不同，中文站点只提供最新发布版本的下载链接，而英文站点同时提供最新稳定版本和最新版本两个版本的下载链接。

Node.js 的其他发布版本可以从 https://nodejs.org/dist/找到，本书以 v10.9.0 在 Windows 10 进行安装为例进行介绍。

Node.js 的安装包在 Windows 平台分为 installer 和 Binary 两个版本。installer 是通常的安装包发布版本（.msi）。Binary 为二进制版本，可以下载后直接运行（.exe）。这里建议使用后缀为.msi 的安装版本。此外，Node.js 的安装包分为 32 位和 64 位，在下载的时候请查看系统的具体信息，并选择正确的安装包进行下载和安装。

打开 Node.js 官方网站下载页面，如图 2.1 所示。读者可根据自己的系统选择，比如笔者的电脑是 64 位的 Windows 系统，下载的是 node-v10.9.0-x64.msi。

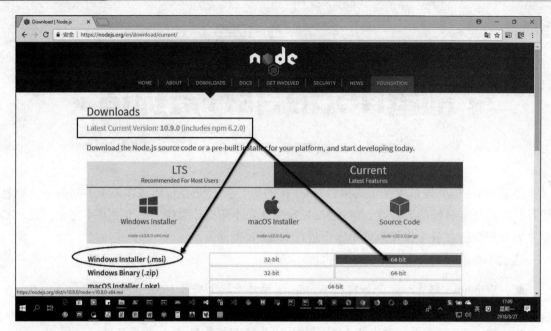

图 2.1　Node.js 官方网站下载页面

如果选择 Node.js 之前的版本，可以在官方网站中找到 Previous Releases 链接，然后查找需要的版本号。

2.1.1　使用安装包安装 Node.js

（1）安装包下载完之后是一个 16MB 大小的后缀名为 msi 的安装文件，双击下载后的安装包文件，首先弹出安装向导的欢迎界面，如图 2.2 所示。

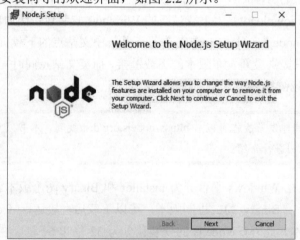

图 2.2　欢迎界面

（2）单击图 2.2 中的 Next（下一步）按钮会出现最终用户授权协议界面，如图 2.3 所示。

勾选接受协议选项后 Next 按钮会变为可用状态，单击 Next 按钮进入下一步。

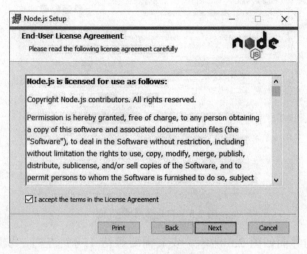

图 2.3　最终用户授权协议界面

（3）此时打开 Node.js，默认安装目录为 C:\Program Files\nodejs\，如图 2.4 所示。我们既可以通过 Change 按钮修改目录，又可以直接单击 Next 按钮。

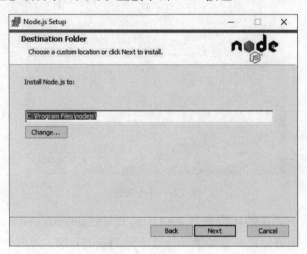

图 2.4　安装目录

（4）单击 Next 按钮后出现如图 2.5 所示的自定义安装界面，我们选择默认设置即可。单击 Next 按钮后会出现一个准备安装界面，单击界面中的 Install 按钮。

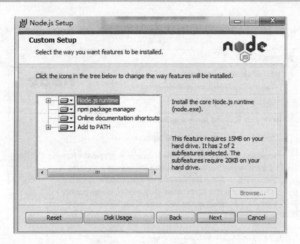

图 2.5　自定义安装界面

（5）开始安装的界面如图 2.6 所示。安装需要等待 1 分钟左右，安装完成后出现完成界面，单击 Finish 按钮就完成安装了。

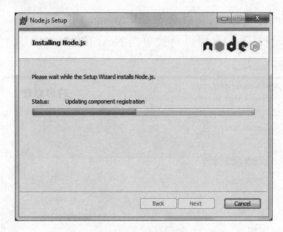

图 2.6　开始安装

（6）安装后，系统默认的环境变量 PATH 是 C:\Documents and Settings\Administrator\Application Data\npm，也可以根据需要手动修改本地的安装目录，并将全局目录设置为与本地初始默认安装目录一致。在完成安装 Node.js 的时候，默认也安装了 NPM。NPM 是 Node.js 的包管理工具，在后面的章节进行介绍。

要查看 PATH 变量，需要右击计算机，选择"属性"|"高级系统属性"选项，打开"系统属性"对话框。然后单击"高级"|"环境变量" 选项，在"用户变量"列表项中找到 PATH 变量，单击下方的"编辑"按钮就可以看到所有变量在这里的设置，主要是设置路径。

2.1.2　测试 Node.js 开发环境

安装 Node.js 开发环境成功之后，创建一个简单的 App 来测试 Node.js 是否能够正常运行。

首先，为 App 创建一个目录，目录里面创建一个名为 hello_world.js 的 JS 文件，然后在 hello_world.js 中写入如下代码。

【示例 2-1】

```
var http = require('http');
http.createServer(function (request, response) {
  response.writeHead(200, {'Content-Type': 'text/plain'});
  response.end('Hello World\n');
}).listen(3000);
console.log('Server running at http://localhost:3000/');
```

【代码说明】

上面的代码是一个简单的 Node.js Web 服务举例，会在电脑上创建一个 HTTP Web 服务，并在网页上打印出 Hello World 字符串。通过 Windows 开始菜单 | Node.js | Node.js command prompt 来运行 Node.js。Node.js command prompt 是一个命令行界面，用来启动 Node.js 编译环境。如果在开始菜单里找不到 Node.js command prompt，可以在搜索框中输入 node，然后找到它并运行。

因为默认打开的路径不是我们创建项目的路径，所以这里可以通过 cd 命令来切换路径：

```
E:\                                        #切换到 E 盘
cd E:\WebstormProjects\NodejsDev\chpater02       #切换到项目路径
```

接下来运行 hello_world.js，简单地输入如下 node 命令：

```
node hello_world.js
```

如果一切都顺利，那么我们将会在 command prompt 中看到：

```
Server running at http://localhost:3000/
```

界面内容如图 2.7 所示。

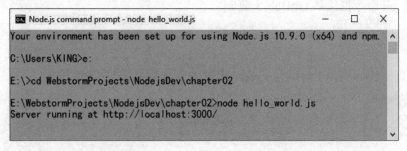

图 2.7　Node.js 命令行运行界面

然后打开浏览器输入如下 URL：

```
http://localhost:3000/
```

接着会在浏览器中看到"Hello World"，如图 2.8 所示。这说明 Node 平台安装成功，并且能成功运行 Node.js 程序。

17

图 2.8　Hello World 程序运行结果

2.2　在 Linux 下部署 Node.js 开发环境

在 Linux 下安装 Node.js 有很多种方法，常见的方法有通过包管理器安装和源码安装。下面针对各种版本的 Linux 和安装方法进行介绍。

2.2.1　通过源码安装 Node.js

下面以 Ubuntu 16.04 为例说明如何使用源码安装 Node.js。

（1）通过下面的命令安装版本工具。

```
apt-get install make g++ libssl-dev git
```

（2）新建一个目录，并使用 wget 命令下载 Node.js 源码。

```
cd /tmp
wget http://nodejs.org/dist/v0.10.32/node-v10.9.0-linux-x64.tar.gz
tar -xvf node-v10.9.0-linux-x64.tar.gz
cd node-v10.9.0
```

或者通过 git 命令直接从 GitHub 上复制。

```
git clone https://github.com/joyent/node
cd node
```

（3）配置安装选项并进行编译安装，其中 X 代表服务器的 CPU 数量。

```
./configure
make -jX
make install
```

安装成功后，可以使用 node -v 命令来检查 Node.js 的版本以及是否安装成功。

　Node.js 选择下载源码进行编译安装之前，要确保系统安装了 Python 2.6 或 3.5（或更高的版本）。

2.2.2　通过包管理器安装 Node.js

在 Linux 的不同版本下可以使用 NPM 安装 Node.js。下面仅列举几种常见的安装 Linux 发布版的方法。

1. Arch Linux

在 Arch Linux 中，Node.js 和 NPM 包是全面支持的，可以通过一条指令进行安装：

```
pacman -S nodejs npm
```

2.基于 Debian 和 Ubuntu 的 Linux 发布版

基于 Debian 和 Ubuntu 的 Linux 发布版主要包括 Linux Mint、Linux Mint Debian Edition（LMDE）和 elementaryOS，可以通过 Debian 和 Ubuntu 的社区 NodeSource 来下载和安装，在 GitHub 上的链接地址是 https://github.com/nodesource/distributions。需要注意的是，通过 nodesource 安装的版本可能并不是最新的。

● 安装 Node.js 10.x 版本的方法如下：

```
curl -sL https://deb.nodesource.com/setup_10.x | sudo -E bash -
sudo apt-get install -y nodejs
```

3.Red Hat Enterprise Linux/RHEL、CentOS 和 Fedora

在 Red Hat、CentOS 和 Fedora 上使用 NPM 安装 Node.js 的时候需要修改对应的地址，具体版本的链接可能略有不同。要使用 root 用户登录，并执行下面的命令：

● 4.x 版本

```
curl --silent --location https://rpm.nodesource.com/setup_4.x | bash -
```

● 6.x 版本

```
curl --silent --location https://rpm.nodesource.com/setup_6.x | bash -
```

● 10.x 版本

```
curl --silent --location https://rpm.nodesource。com/setup_10.x | bash -
```

然后使用 yum 命令来安装 Node.js：

```
yum -y install nodejs
```

在 Fedora 18 之后的版本，Node.js 和 NPM 是默认支持的，只需要通过下面的一条命令就可以安装：

```
sudo yum install nodejs npm
```

2.3 在 Mac OS X 下部署 Node.js 开发环境

在 Mac OS X 上安装有 3 种方式，即使用源码安装、使用 NPM 包管理器安装和使用安装包安装。本节主要介绍如何使用.dmg 安装包和 NPM 包管理器进行安装。

2.3.1 使用.dmg 安装包进行安装

首先从 Node.js 官方网站上下载最新的 OS X 安装包，并按照安装向导进行安装，界面如图 2.9 所示。

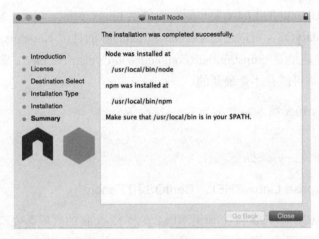

图 2.9　在 OS X 下安装 Node.js

安装之后，/usr/local/bin 在环境变量中已经定义，如果没有，就在当前用户 home 目录下的.bash_profile 或者.bashrc 中添加。

2.3.2 使用 NPM 包管理器安装

使用 NMP 包管理器安装 Node.js 时要从 Node.js 的官方网站上下载最新的 Macintosh Installer。可以通过 curl 执行下面的命令来安装：

```
curl "https://nodejs.org/dist/latest/node-${VERSION:-$(wget -qO-
https://nodejs.org/dist/latest/ | sed -nE 's|.*>node-(.*)\.pkg</a>.*|\1|p')}.pkg"
> "$HOME/Downloads/node-latest.pkg" && sudo installer -store -pkg
"$HOME/Downloads/node-latest.pkg" -target "/"
```

或者使用 MacPorts 执行下面的代码：

```
port install nodejs
```

2.4 在树莓派 3 下使用 NVM 安装 Node.js

树莓派是一款卡片式的学习电脑，由英国剑桥大学在 2012 年 3 月首发。本节主要介绍如何在树莓派 3 的官方操作系统 Raspbian 上使用 NVM 安装 Node.js。

（1）下载和安装 NVM（https://github.com/creationix/nvm）。NVM 的全称是 Node Version Manager（Node.js 版本管理器），它可以让我们在各个 Node.js 版本之间进行灵活的切换。

```
git clone https://github.com/creationix/nvm.git ~/.nvm && cd ~/.nvm && git checkout
v0.25.4
```

（2）使用 nano 命令编辑.bashrc 和.profile，在文件末尾增加 source ~/.nvm/nvm.sh，并重新启动树莓派，具体命令如下：

```
sudo nano ~/.bashrc
sudo nano ~/.profile
sudo reboot
```

（3）启动完成后，在 shell 里面执行 nvm 命令。当看到输出时，表示 NVM 安装成功。

```
nvm --version
```

（4）开始安装 Node.js。使用 nvm 命令安装 Node.js 稳定版，如 v8.11.4。

```
$ nvm install 8.11.4
```

（5）安装完成后，可以使用下面的代码进行查看。

```
$ nvm ls
```

这时可以看到自己安装的所有 Node.js 版本。

2.5 使用 NPM 进行 Node 包的安装

前面我们已经使用很多次 NPM 命令了，这其实使用的是 Node.js 默认的包管理器 NPM。当 Node.js 安装完成后，NPM 也默认安装完成。安装包模块使得 Node.js 变成了一个更加强大的 Web App 开发平台。它能预先为 Node.js App 提供所需要的功能。NPM 官方网站号称有 250 000 个不同的包可供开发者下载使用，网址为 https://www.npmjs.com/。

例如，我们希望在 Node.js 上扩展一个 MySQL 接口，可以让我们在 App 中使用 MySQL 数据库，只需要在 Node.js command prompt 中输入如下命令即可：

```
npm install mysql
```

上面的命令会通过 NPM 下载和安装 MySQL Node 包。当选择的包安装完成时会看到如图

2.10 所示的信息。

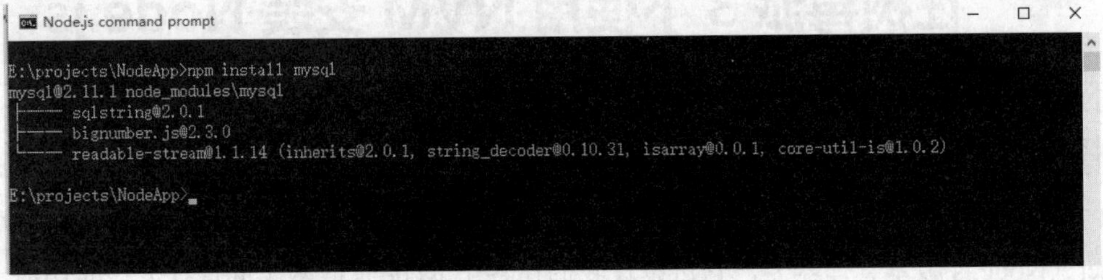

图 2.10　使用 NPM 在 Windows 下安装 MySQL 包

NPM 的常用命令介绍如下。

（1）查看帮助

```
npm help 或 npm h
```

（2）安装模块

```
npm intstall <Module Name>
```

（3）在全局环境中安装模块（-g：启用 global 模式）

```
npm install -g <Module Name>
```

更多的内容可参考 https://npmjs.org/doc/install.html。

（4）卸载模块

```
npm uninstall <Moudle Name>
```

（5）显示当前目录下安装的模块

```
npm list
```

提示　Node.js 安装成功后，系统会自动在 PATH 用户环境变量和系统环境中分别添加 NPM 和 Node.js 路径。

2.6　开发工具介绍

为了更高效地编写 Node.js 代码，需要使用一个好的编辑器，这里推荐大家使用 Sublime Text。Sublime Text 是一款具有代码高亮、语法提示、自动完成且反应快速的编辑器软件。它主要有以下两大优点。

● 跨平台：Sublime Text 3 为跨平台编辑器，可以在 Windows、Mac OS X 和 Linux 下安装。开发人员在开发和测试的时候切换系统是常有的事情，为了减少重复学习，使用一个跨平台的编辑器是很有必要的。Sublime Text 3 可以使你的开发工作在各个系统之间进行无缝切换。

● 可扩展: Sublime Text 3 包含大量实用插件，可以通过安装自己领域的插件来成倍提高工作效率。

Sublime Text 有 Sublime Text 2 和 Sublime Text 3 两个版本。它们的界面大致相同，但是 Sublime Text 3 的启动速度更快，而且支持更多的功能，所以本书以 Sublime Text 3 为例进行介绍。

2.6.1 下载安装 Sublime Text 3

Sublime Text 3 beta 版本已经非常稳定了，官方下载网址为 http://www.sublimetext.com/3。需要注意的是 Sublime Text 3 是付费软件，虽然可以无限期地进行试用，但是如果是长期使用，建议购买正版的序列号激活。

（1）打开下载页面，如图 2.11 所示。64 位的 Windows 系统请选择 "Windows 64 bit" 安装包，即下载文件为 "Sublime Text Build 3176x64 Setup.exe" 的安装程序。"portable version" 下载下来为 "Sublime Text Build 3176 x64.zip" 编辑器的包，解压后无须安装就能运行。

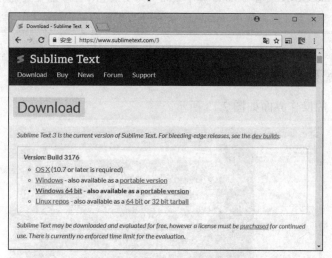

图 2.11　Sublime Text 3 官方下载页面

（2）双击下载下来的安装包，并按照提示进行安装，如图 2.12 所示。

图 2.12　Sublime Text 3 的安装过程

（3）安装成功后，双击桌面上的"Sublime Text 3"快捷图标，就可以打开 Sublime Text 3 程序了。

　如果是 Mac OS X 或者 Ubuntu 就下载相应的安装包，并参照安装说明进行操作。如果是在 Linux 下安装，就先使用 uname –m 命令查看操作系统的类型，再选择合适的安装包。

2.6.2　Sublime Text 操作界面

Sublime Text 3 的操作界面如图 2.13 所示。

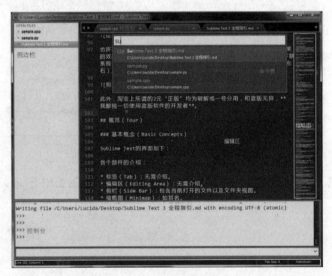

图 2.13　Sublime Text 3 的操作界面

界面中的各种操作选项说明如下。

- 标签（Tab）：分别显示每个打开的文件。
- 编辑区（Editing Area）：编辑文本内容的区域，位于界面的中心位置。
- 侧栏（Side Bar）：包含当前打开的文件以及文件夹视图。
- 缩略图（Minimap）：当前打开文件的缩略图。
- 命令板（Command Palette）：Sublime Text 的操作中心，使我们基本可以脱离鼠标和菜单栏进行操作。
- 控制台（Console）：使用 Ctrl + `快捷键可以调出该窗口。它既是一个标准的 Python REPL，又可以直接对 Sublime Text 进行配置。
- 状态栏（Status Bar）：显示当前行号、当前语言和 Tab 格式等信息。

Sublime Text 3 的相关操作文档和使用说明在 https://www.sublimetext.com/docs/3/ 上。

2.6.3　安装 Sublime Text 3 插件

Sublime Text 3 最强大的功能是针对各种开发语言的编辑插件。为了安装和管理这些插件，我们首先需要安装包管理器（Package Control），官方首页链接为 https://packagecontrol.io。通过 Ctrl+`快捷键或者在菜单中选择 View | Show Console 来打开控制台，然后将下面的代码粘贴到控制台中运行。

```
import urllib.request,os,hashlib; h = '2915d1851351e5ee549c20394736b442' +
'8bc59f460fa1548d1514676163dafc88'; pf = 'Package Control.sublime-package'; ipp
= sublime.installed_packages_path();
urllib.request.install_opener( urllib.request.build_opener( urllib.request.Pro
xyHandler()) ); by = urllib.request.urlopen( 'http://packagecontrol.io/' +
pf.replace(' ', '%20')).read(); dh = hashlib.sha256(by).hexdigest(); print('Error
validating download (got %s instead of %s), please try manual install' % (dh, h))
if dh != h else open(os.path.join( ipp, pf), 'wb' ).write(by)
```

这段代码将创建一个安装包的目录，并将包控制器 Package Control.sublime-package 下载到这个目录中。安装完毕后，需要重新启动 Sublime Text 3。

2.6.4　安装 Node.js 插件

在 Package Control 首页的搜索框中输入 NODE，就可以查找到所有和 Node.js 相关的包，如图 2.14 所示。可以看到由 tanepiper 创建的 Node.js 包是当下最热门的 Node.js 插件，下载量为 156 000 次。

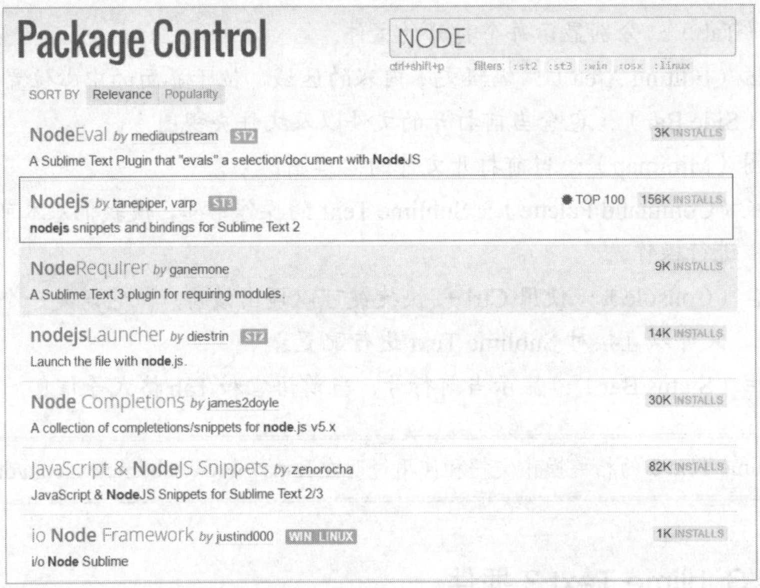

图 2.14　Package Control 包搜索和下载页面

打开 Node.js 包的链接，我们可以看到这个包的详细介绍和使用方法，并且可以查看到这个包每月的下载量。

● 在 MaC OS X 下的安装命令：

```
`git clone https://github.com/tanepiper/SublimeText-Node.js.git
~/Library/Application\ Support/Sublime\ Text\ 3/Packages/Node.js`
```

● 在 Windows 下的安装命令：

```
`git clone https://github.com/tanepiper/SublimeText-Node.js "%APPDATA%\Sublime
Text 3\Packages\Node.js"`
```

● 在 Linux 下的安装命令：

```
`git clone https://github.com/tanepiper/SublimeText-Node.js
$HOME/.config/sublime-text-3/Packages/Node.js`
```

2.6.5　Sublime Text 3 快捷键

按照类型可以把快捷键分为编辑、选择、查找和替换、跳转、窗口、屏幕。这里分别对常用的快捷键做一个简单介绍。

1. 编辑

● Ctrl+Enter：在当前行下面新增一行，然后跳至该行。
● Ctrl+Shift+Enter：在当前行上面增加一行并跳至该行。
● Ctrl+←/→：进行逐词移动。
● Ctrl+Shift+←/→：进行逐词选择。

- Ctrl+↑/↓：移动当前显示区域。
- Ctrl+Shift+↑/↓：移动当前行。

2. 选择

- Ctrl+D：选择当前光标所在的词并高亮显示该词所有出现的位置，再次按 Ctrl+D 快捷键选择该词出现的下一个位置。在多重选词的过程中，使用 Ctrl+K 快捷键进行跳过，使用 Ctrl+U 快捷键进行回退，使用 Esc 键退出多重编辑。
- Ctrl+Shift+L：将当前选中区域打散。
- Ctrl+J：把当前选中区域合并为一行。
- Ctrl+M：在起始括号和结尾括号间切换。
- Ctrl+Shift+M：快速选择括号间的内容。
- Ctrl+Shift+J：快速选择同缩进的内容。
- Ctrl+Shift+Space：快速选择当前作用域（Scope）的内容。

3. 查找和替换

- F3：跳至当前关键字下一个位置。
- Shift+F3：跳到当前关键字上一个位置。
- Alt+F3：选中当前关键字出现的所有位置。
- Ctrl+F/H：进行标准查找/替换，之后：
  - ➢ Alt+C：切换大小写敏感（Case-Sensitive）模式。
  - ➢ Alt+W：切换整字匹配（Whole Matching）模式。
  - ➢ Alt+R：切换正则匹配（Regex Matching）模式。
- Ctrl+Shift+H：替换当前关键字。
- Ctrl+Alt+Enter：替换所有关键字匹配。
- Ctrl+Shift+F：多文件搜索和替换。

4. 跳转

- Ctrl+P：跳转到指定文件，输入文件名后可以再输入以下内容。
  - ➢ @符号：跳转输入，如@symbol 跳转到 symbol 符号所在的位置。
  - ➢ #关键字：跳转输入，如#keyword 跳转到 keyword 所在的位置。
  - ➢ :行号：跳转输入，如:12 跳转到文件的第 12 行。
- Ctrl+R：跳转到指定符号。
- Ctrl+G：跳转到指定行号。

5. 窗口

- Ctrl+Shift+N：创建一个新窗口。
- Ctrl+N：在当前窗口创建一个新标签。
- Ctrl+W：关闭当前标签，当窗口内没有标签时会关闭该窗口。

- Ctrl+Shift+T：恢复刚刚关闭的标签。

6. 屏幕

- F11：切换至普通全屏。
- Shift+F11：切换至无干扰全屏。
- Alt+Shift+1Single：切换至独屏。
- Alt+Shift+2Columns:2：切换至纵向二栏分屏。
- Alt+Shift+3Columns:3：切换至纵向三栏分屏。
- Alt+Shift+4Columns:4：切换至纵向四栏分屏。
- Alt+Shift+8Rows:2：切换至横向二栏分屏。
- Alt+Shift+9Rows:3：切换至横向三栏分屏。
- Alt+Shift+5：Grid 切换至四格式分屏。

2.7　温故知新

学完本章后，读者需要回答：

1. 在 Windows 10 下安装 Node.js 有哪几种方式？
2. 如何使用 NPM 下载特定的 Node.js 开发包？
3. Node.js 在 Windows 中的默认安装路径是什么？
4. 在 Sublime Text 3 中使用什么快捷键可以新建一个文档？
5. Node.js 支持哪些操作系统？

第二篇

Node.js编程基础

第 3 章
◀ Node.js开发基础 ▶

Node.js 是建立在 V8 引擎之上的，也就意味着 Node.js 的语法几乎与 JavaScript 一致。这也是 Node.js 大受前端开发人员欢迎的原因，即通过一门语言便可打通前后端开发。在这一章中将介绍 JavaScript 的基本使用，为之后 Node.js 的学习提供必要的基础。

通过本章的学习可以掌握以下内容：

- JavaScript 的基础语法与使用。
- 了解简单的 JavaScript 编程风格。
- 了解基本的 Node.js 控制台的使用。

3.1　JavaScript 语法

JavaScript 是一门直译式、弱类型的脚本语言，也是 Web 开发最重要的语言之一。JavaScript 由 ECMAScript、DOM（文档对象模型）、BOM（浏览器对象模型）三部分组成。ECMAScript 规定了 JavaScript 的语法核心，这也是本节重点介绍的内容。

3.1.1　变量

1. 交互式运行环境——REPL

Node.js 提供了一个交互式运行环境——REPL。在这个交互式环境中可以运行简单的应用程序。在控制台直接输入 node 命令即可进入这个环境，此时控制台会显示一个 ">" 符号，表明我们已经进入这个环境，然后就可以直接在命令行输入 node 代码并执行了，如图 3.1 所示。

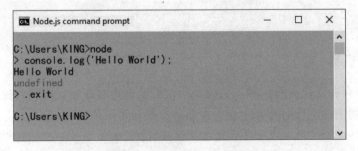

图 3.1　进入 REPL 运行环境

> 如果要退出该运行环境，连续按两次 Ctrl+C 快捷键，或者输入.exit。Node.js 的命令需要在前面加点。例如，可用.help 查看所有命令。

本节中的所有代码都会在这个环境中使用和运行。

2. 浏览器环境——Chrome & FireFox

当然，读者也可以在浏览器（Chrome & FireFox）的控制台运行。以 Chrome 浏览器为例（FireFox 浏览器与之大同小异），通过使用 F12 键或者 Ctrl + Shift + I 快捷键打开开发者工具，在开发者工具栏中选择 Console 面板，在 Console 中也是显示一个 ">" 符号，和 REPL 的使用方法一致，如图 3.2 所示。

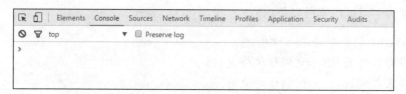

图 3.2　浏览器的 Console 面板

3. 关键字 var

JavaScript 的变量通过关键字 var 来声明。前面说过 JavaScript 是一门弱类型的编程语言，JavaScript 的所有数据类型都可以用 var 关键字来声明，通过 "var 变量名=值" 的形式就可以对变量同时进行声明和赋值。和许多语言一样，JavaScript 通过分号 ";" 来分隔不同的语句，以下这段代码就声明了两个变量：

```
var a = "node.js";
var b = 10;
```

4. 变量的命名

JavaScript 规定变量名必须以字母、美元符（$）、下划线（_）三者之一开头，同时 JavaScript 对大小写敏感，大小写不同也就意味着是不同的两个变量。同时，JavaScript 不区分单引号与双引号，因此上一个例子与用单引号表示的效果一致：

```
var a = 'node.js';
var b = 10;
```

5. 变量提升机制

JavaScript 中存在变量提升机制，也就是所有的变量声明在运行时都会提升到代码的最前方。例如，上个例子在运行时实际上会先声明两个变量再赋值：

```
var a;
var b;
```

```
a = "node.js";
b = 10;
```

通过一个更直观的例子或许会让读者更容易理解变量提升。在 REPL 中试图使用一个未声明的变量时会出现 is not defined 错误，如图 3.3 所示。

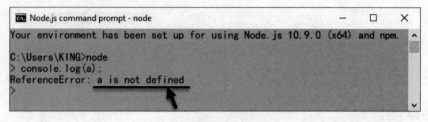

图 3.3　变量未声明错误

如果试图使用一个已经声明却未赋值的变量，那么这个变量所代表的是 undefined，如图 3.4 所示。

图 3.4　已经声明却未赋值

 图 3.4 中有两行 undefined，在执行 node 语句时，在没有任何返回值的时候总会输出一个 undefined，读者不必介意，这不是错误，而是正常输出的内容。

使用一个在后来定义赋值的变量时会返回 undefined，如图 3.5 所示。

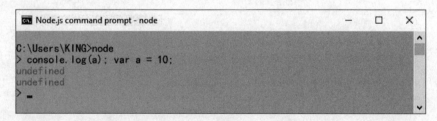

图 3.5　先使用后声明赋值

可以发现这段代码返回 undefined 正是因为变量提升，实际运行的代码如下：

```
var a;
console.log(a);
a = 10;
```

3.1.2　注释

JavaScript 中的注释和很多其他编程语言类似，以双斜杠（//）代表单行注释，以"/*注释内容*/"形式代表多行注释。

```
// 这是单行注释
/* 这是
   多行
   注释
*/
```

3.1.3　数据类型

JavaScript 中的数据类型可以分为简单数据类型和复杂数据类型。简单数据类型有 undefined、boolean、number、string、null，复杂数据类型只有 object。object 由一组无序的键值对组成。

1. 利用 typeof 区分数据类型

利用操作符 typeof 可以区分数据类型。typeof 返回的值有 undefined、boolean、number、string、object 和 function。下面举一个例子。

【示例 3-1】

```
var a;
var b = 12;
var c = 'node.js';
var d = true;
var e = function() {

}
var f = null;
var g = {
    num: 12
}
var arr = [a,b,c,d,e,f,g];
for(var i = 0, max = arr.length; i < max; i++) {
    console.log(typeof arr[i]);
}

// undefined
// number
// string
// boolean
// function
// object
```

34

```
// object
```

【代码解析】

可以看到 null 和 object 都返回了 object，这是因为 null 实际上是一个空对象指针，当一个变量只声明未赋值时返回 undefined。

number 和 string 数据类型分别指数字类型和字符串类型；boolean 类型和其他语言一样，仅有 true 和 false 两个值；null 仅有一个值 null。

2. 利用 Boolean() 转化数据类型

JavaScript 中可以利用 Boolean() 方法将其他数据类型转化为布尔值。需要注意的是，空字符串、0、null、undefined、NaN 都将转化为 false，其他值则会转化为 true。下面举一个例子。

【示例 3-2】

```
var a;
var b = null;
var c = 0;
var d = '';
var e = NaN;
var arr = [a,b,c,d,e];
for(var i = 0, max = arr.length; i < max; i++) {
    console.log(Boolean(arr[i]));
}


// false
// false
// false
// false
// false
```

3.1.4　函数

在 JavaScript 中，声明一个函数只需要使用 function 关键字即可，如声明一个求和的函数，代码如下：

```
function add(num1, num2) {
    return num1 + num2;
}
```

当然，函数同样可以作为一个值传递给一个变量，例如：

```
var add = function(num1, num2) {
    return num1 + num2;
}
```

调用一个函数同样很简单，只需要在函数声明之后使用"函数名(参数)"的形式调用即可，如调用上面的函数：

```
function add(num1, num2) {
    return num1 + num2;
}
add(1, 2);
// 3

add(3,5);
//8
```

函数中默认带有一个 arguments 对象，这是一个类数组对象。arguments 记录了传递给函数的参数信息，因为 JavaScript 中的函数调用时，参数个数并不需要和定义函数时的个数一致。在上面的 add()方法中多添加几个参数，函数仍然会正常执行，例如：

```
function add(num1, num2) {
    return num1 + num2;
}
add(1,2,4,5,5);
// 3

add(3,5,2,3);
//8
```

利用好这一点和 arguments 类数组的特性可以对上述的 add 方法拓展一下，让这个函数无论接收多少个参数，总能返回这些数值的和：

```
function add() {
    var sum = 0;
    for(var i = 0, max = arguments.length; i < max; i++) {
        sum += arguments[i];
    }
    return sum;
}

add(2,3,4);
// 9

add(2,4,5);
// 11
```

还可以利用 JavaScript 中的 arguments 类数组对象模拟函数重载。当然，实际上 JavaScript 并不支持函数重载，比如通过检测 arguments 对象的 length 属性做出不同的反应来模拟重载。下面给出一个完整的例子。

【示例3-3】

```
function operate() {
    if(arguments.length == 2) {
        return arguments[0] * arguments[1];
    } else {
        var sum = 0;
        for(var i = 0, max = arguments.length; i < max; i++) {
            sum += arguments[i];
        }
        return sum;
    }
}
operate(3, 4);
// 12
operate(3, 4, 5);
// 12
```

以上代码的运行效果如图 3.6 所示。

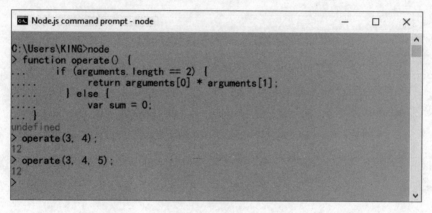

图 3.6 运行效果

【代码解析】

arguments 对象是一个类数组对象。通过数组的 slice()方法可以把 arguments 对象转化为一个真正的数组，这样就可以使用数组的所有方法，而不用担心出现其他问题了。

```
function funName() {
    var arguments = [].slice.call(arguments);
    // the code of function
}
```

3.1.5 闭包

JavaScript 中的变量可以分为全局变量和局部变量。JavaScript 中的函数自然可以读取到全局变量，而函数外部并不能读取到函数内部定义的变量，例如：

```
var str = 'node.js';

function copy () {
    var str2 = str;
    console.log(str2);
}

copy();
// node.js

console.log(str2);
// str2 is not defined
```

当然，这需要在定义变量的时候使用 var 关键字定义。不用 var 关键字定义的话，实际上这个变量会成为全局对象的一个属性。在 Node.js 中，全局对象是 global，如果上面代码中的 str2 变量不使用 var 定义，str2 就会成为一个全局变量，函数外部也是可以读取到这个变量的，例如：

```
var str = 'node.js';

function copy () {
    str2 = str;
    console.log(str2);
}

copy();
// node.js

console.log(str2);
// node.js
```

 建议所有的变量都使用 var 关键字进行定义，以避免出现不必要的错误。

JavaScript 中的闭包可以让函数读取到其他函数内部的变量，如下代码就可以让函数外部读取到函数内部定义的变量，这就是最简单的闭包。

【示例 3-4】

```
function a() {
    var str = 'node.js';
    return function() {
        var str2 = str + ' is poserful';
        return str2;
```

```
    }
}

a()();
// node.js is powerful
```

以上就是 JavaScript 的简要介绍。更多关于 JavaScript 的知识，读者可以阅读相关的书籍进行学习和掌握。进行 Node.js 的学习之前，读者应该对 JavaScript 有一定的了解。

3.2   命名规范与编程规范

与其他语言相比，JavaScript 显得相对灵活，对代码的格式要求也相对宽松，因此对 JavaScript 编码制定一定的规范是非常重要的。一个良好的规范不仅能让阅读代码的人感到清晰愉悦，还能让整个项目更加容易维护。

3.2.1   命名规范

JavaScript 作为一种弱类型的语言，命名的规范显得更加重要，因为开发人员并不能直接看出这个变量的作用。

1. var 关键字

在 JavaScript 中，所有的变量都应该通过 var 关键字来定义，而不是缺少 var 关键字，因为缺少 var 的变量声明会使得这个变量成为全局变量，在开发中应尽量减少全局变量：

```
var a = 'node.js';
// 推荐
b = 12
// 不推荐
```

2. 驼峰命名法

在开发中，变量的命名常常是让开发人员头疼的问题，一般来说每个团队都会有自己的命名规范。近些年来更加流行的是驼峰命名法。如它的名字一样，驼峰命名法中第一个单词的开头小写，其他单词的开头字符大写，例如：

```
var myNumber;
var myString;
```

3. 常量

在其他语言中，会有常量这样一个概念。这是一种不允许在声明赋值之后再修改的变量。显然，JavaScript 中有着同样的需求。在开发人员不希望有些变量得到修改时，常量就显得格外重要了。例如，定义一个圆周率的常量。

在常量的命名中，开发人员往往采用变量名全部大写的方式来表示这是一个常量。当然，实际上这样的变量依旧是可以被修改的。这需要开发人员共同遵守规定，把这样一个变量作为一个常量，而不是普通的 JavaScript 变量：

```
var PI = 3.14159
// 这是一个圆周率的常量
```

4. 内部变量

开发中还有一类就是内部变量。这类变量并不希望局部作用域之外的作用域来获取这些变量。开发人员通常以下划线 "_" 开头命名作为约定俗成的内部变量。当然，这同样需要协同的开发人员共同遵守这个约定：

```
var obj ={
    _num: 12,
    // 这是一个内部变量
    put: function() {
        return this._num;
    }
}
console.log(obj.put())
```

5. 有意义的名字

命名规范中同样需要遵守的是，在命名中不应该使用一些无意义的变量名。这些无意义的变量名往往会使开发人员摸不着头脑。变量的命名应该是有意义的、能够表示变量作用的，而不是无意义的、混淆视听的。

3.2.2 编程规范

在 JavaScript 中，遵守编程规范会使得整个项目得到更快的开发和更好的维护。同时，也可以让代码看起来更加优雅易读。

1. 以分号结尾

在 JavaScript 代码中，所有的语句都应该以分号结尾，虽然 JavaScript 中并没有强制要求：

```
var n = 12;
// 以分号结尾，推荐
var n = 12
// 结尾缺少分号，不推荐
```

2. 大括号

JavaScript 4E2D 的所有语句块都应该有大括号，比如一个简单的 if 判断语句块里面只有一行时，不使用大括号并不会出现错误，但是这往往会让开发人员产生疑惑：

```
var n = 12;
if(n < 10) {
    console.log(n);
}
// 即使语句块里只有一行代码，也应该有大括号
```

3. ===

相等判断中应该尽量使用绝对等于"==="，因为等于"=="存在类型转化，这在开发中可能会出现意想不到的错误。例如，使用"=="来判断 null 与 undefined 时会出现 true 的情况，而使用"==="则不会：

```
console.log(1 == true);
// true
console.log(1 === true);
// false
console.log(null == undefined);
// true
console.log(null === undefined);
// false
```

4. 空格的使用

关于 JavaScript 中的空格，永远不要吝啬，因为满屏连续的字符串会让人头疼。建议在数值操作符（如+、-、*、/、%等）前后留一个空格，在赋值操作符和相等判断中前后留一个空格。在 json 对象中，键值对的冒号后应该留一个空格，如以下空格会让代码在开发人员的眼中更加优雅：

```
var num = 12;
// 赋值操作符前后留空格
if(num === 12){
  // your coding
}
// 相等判断中前后留出空格
var num2 = num * 2;
// 数值操作符前后留出空格
var obj = {
  name: 'node.js'
}
// 键值对冒号后面留出一个空格
```

 关于 JavaScript 中的注释，永远记住一条：所有的注释都应该是有意义的，无意义的注释只会让阅读代码的人员感到更加困惑。

关于 JavaScript 中的编程规范就简单介绍到这里。相比于别人介绍的规范，拥有一套属于自己团队内部的使用规范并且让开发人员遵守这个规范更加重要。

3.3 Node.js 的控制台

利用好 Node.js 提供的控制台和 Debug 可以有效地辅助开发和定位 Bug。在 Node.js 中，Console 代表控制台，可以通过 console 对象的各种方法向控制台进行标准输出。

3.3.1 console 对象下的各种方法

在 REPL 交互式运行环境中输入 console，可以看到 console 对象下各种方法组成的一个数组，如图 3.7 所示。

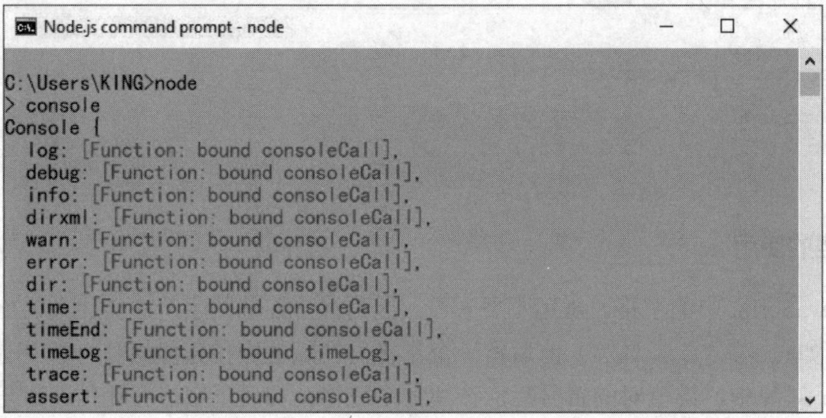

图 3.7 console 对象的方法

3.3.2 console.log()方法

console.log()方法用于标准输出流的输出，也就是在控制台中显示一行信息，例如：

```
console.log('node.js is powerful')
```

无论是在 RPEL 环境中运行这行代码还是作为 Node.js 文件执行这行代码，都可以看到控制台输出了"node.js is powerful"字样。

console.log()方法并没有对参数的个数进行限制，当传递多个参数时，控制台输出时将以空格分隔这些参数，例如：

```
console.log('node.js','is','powerful');
```

运行之后，同样会在控制台输出"node.js is powerful"字样，这三个单词依旧是以空格分隔开来的。

console.log()方法也可以利用占位符来定义输出的格式，如%d 表示数字、%s 表示字符串。

 如果需要对后面的多个参数定义格式，就要逐个设置，并且输出时将不会再以空格分隔；如果没有预定义格式，就将正常输出。

示例代码如下：

```
console.log('%s%s', 'node.js', 'is', 'powerful');
// node.jsis powerful

console.log('%s%s%s', 'node.js', 'is', 'powerful');
// node.jsispowerful

console.log('%d', 'node.js');
// NaN

console.log('%d', 'node.js', 'is', 'powerful');
// NaN is powerul
```

在这一段代码中，需要注意的是当使用%d 占位符后，如果对应的参数不是数字，控制台将会输出 NaN。

3.3.3　console.info()、console.warn()和 console.error()方法

console.info()、console.warn()以及 console.error()的使用方法和 console.log()一致，将 3.3.2 小节的代码换成 console.info()、console.warn()、console.error()方法，将得到同样的结果：

```
console.warn('%s%s', 'node.js', 'is', 'powerful');
// node.jsis powerful

console.warn('%s%s%s', 'node.js', 'is', 'powerful');
// node.jsispowerful

console.info('%d', 'node.js');
// NaN

console.info('%d', 'node.js', 'is', 'powerful');
// NaN is powerul

  console.error('%d', 'node.js');
// NaN

console.error('%d', 'node.js', 'is', 'powerful');
// NaN is powerul
```

3.3.4　console.dir()方法

console.dir()方法用于将一个对象的信息输出到控制台。如下代码将定义一个简单的对象。

【示例 3-5】
```
const obj = {
    name: 'node.js',
    get: function() {
      console.log('get');
    },
    set: function() {
      console.log('set');
    }
}
console.dir(obj);
```

在 RPEL 交互运行环境中运行这段代码，可以看到控制台输出了这个对象的信息，如图 3.8 所示。

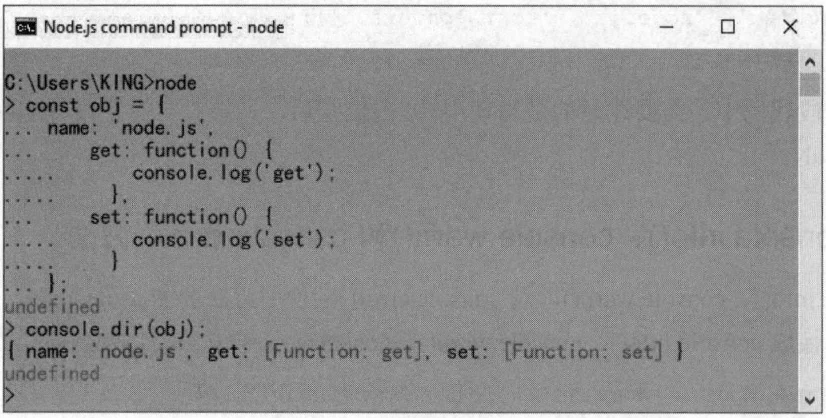

图 3.8　console.dir()方法输出对象信息

3.3.5　console.time()和 console.timeEnd()方法

console.time()和 console.timeEnd()方法主要用于统计一段代码运行的时间。console.time()方法置于代码起始处，console.timeEnd()方法置于代码结尾处。只需要向这两个方法传递同一个参数，就可以看到在控制台中输入了以毫秒计的代码运行时间。如下代码统计了两个循环执行后的时间以及各个循环分别使用的时间。

【示例 3-6】
```
console.time('total time');

console.time('time1');
for(var i =0; i< 10000; i++) {

}
```

```
console.timeEnd('time1');

console.time('time2');
for(var i =0; i< 100000; i++) {

}
console.timeEnd('time2');

console.timeEnd('total time');
```

　　将这段代码保存为名为 time.js 的文件。利用 node time.js 命令运行这个文件，可以在控制台看到各个循环的使用时间统计，如图 3.9 所示。

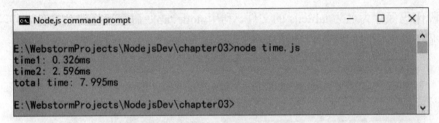

图 3.9　各个循环的使用时间统计

3.3.6　console.trace()方法

　　console.trace()方法用于输出当前位置的栈信息，可以向 console.trace()方法传递任意字符串作为标志，类似于 console.time()中的参数。在 RPEL 交互运行环境中执行以下代码：

```
console.trace('trace');
```

　　可以看到此处的栈信息已经在控制台中输出了，如图 3.10 所示。

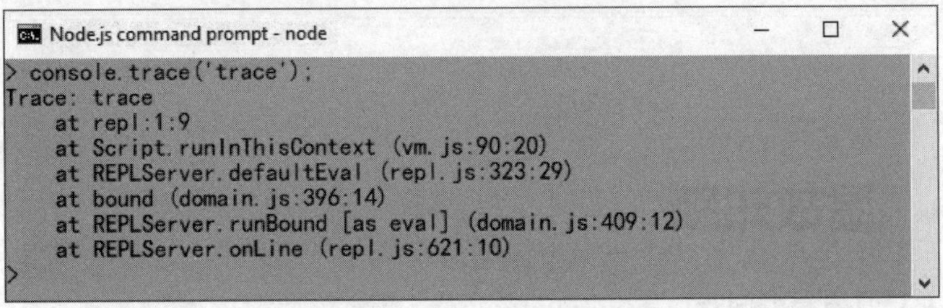

图 3.10　console.trace()输出栈信息

3.3.7　console.table()方法

　　console.table()用于将数组格式的信息以表格（table）形式进行输出，可以向 console.table()方法传递任意结构形式的数组信息，譬如对象数组等。console.table()方法在 RPEL 交互运行环境中执行以下代码：

```
console.table(tabularData[, properties]);
```

如下代码使用 console.table() 方法将一个对象数组以表格的形式进行输出。

【示例 3-7】

```
var arrTable = {
    A: {no : "1", name : "Apple"},
    B: {no : "2", name : "Google"},
    C: {no : "3", name : "Microsoft"}
};

console.table(arrTable);

console.table(arrTable, "name");
```

将这段代码保存为名为 table.js 的文件。利用 node table 命令运行这个文件，可以在控制台看到各个循环的使用时间统计，如图 3.11 所示。

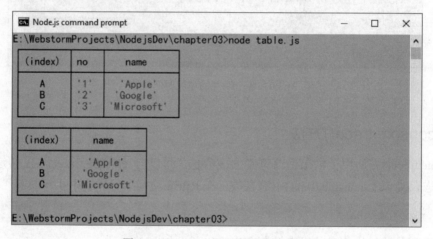

图 3.11 console.table() 输出表格信息

3.4 温故知新

学完本章，读者需要回答：

1. 简要介绍 JavaScript 的语法。

2. JavaScript 中将其他数据类型转化为布尔值时需要注意哪些地方？

3. 文中提到 JavaScript 的编程规范有哪些？如果由你来主导一个 JavaScript 项目，你会怎样制定这个项目的规范？

4. Node.js 中的控制台如何统计代码的运行时间？

5. Node.js V10 版本中新增的 console.table() 方法如何使用？

第 4 章
◄Node.js中的包管理►

Node.js 的模块加载机制可以让你开发时更好地划分程序的功能，从而更好地做到代码解耦，同时有利于进行模块化开发，保证写出的 Node.js 代码优雅、易读。同时，Node.js 的包管理工具 NPM 可以很方便地下载使用第三方模块，简化开发工作，提高项目开发效率。本章将介绍 Node.js 的包管理工具 NPM 的使用和 Node.js 核心模块的使用。

通过本章的学习，可以掌握以下内容：

● 从 NPM 下载使用第三方模块，并了解 package.json 文件的使用。

● 了解 Node.js 的模块机制。

● 通过实例了解 Node.js 核心模块的使用，通过实例的讲解快速掌握各个核心模块的常用方法。

4.1 支持最新版 NPM

NPM 是 Node.js 的包管理工具。它的重要性就像 gem 之于 Ruby 一样。Node.js 与 NPM 的关系是密不可分的。

4.1.1 NPM 常用命令

NPM 默认是与 Node.js 一起安装的，可以在命令行中输入 "npm"，验证 NPM 是否安装，如图 4.1 所示。

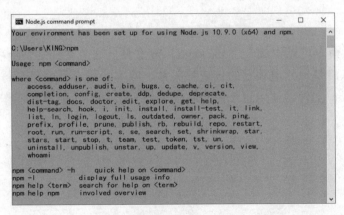

图 4.1 NPM 验证安装结果

1. npm –v、npm version

通过输入 npm –v 命令或者 npm version 命令可以查看 NPM 的安装版本，如图 4.2 所示。

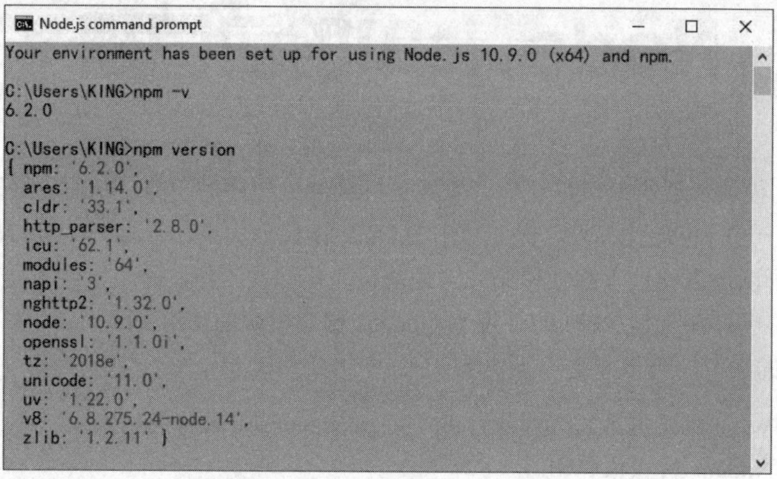

图 4.2　NPM 查看版本结果

2. npm 安装和更新到最新版

通过输入 npm install 命令可以安装最新版的 NPM 包管理工具，具体命令如下：

```
npm install npm 或 npm install -g npm
```

如果想安装到指定的 NPM 版本（如 v6.2.0 版本），可以执行如下命令：

```
npm install npm@6.2.0 或 npm install -g npm@6.2.0
```

注意，如果在安装过程中出现停滞或卡死现象，往往是默认选择了境外服务器的原因。此时读者不必担心，更换选择镜像服务器（譬如国内的镜像安装源）地址就可以解决了。具体命令如下：

```
npm config set registry http://npm 安装源地址
```

3. npm init

通过 npm init 命令可以生成一个 package.json 文件。这个文件是整个项目的描述文件。通过这个文件可以清楚地知道项目的包依赖关系、版本、作者等信息。每个 NPM 包都有自己的 package.json 文件，使用这个命令将需要填写项目名、版本号、作者等信息，具体如图 4.3 所示。

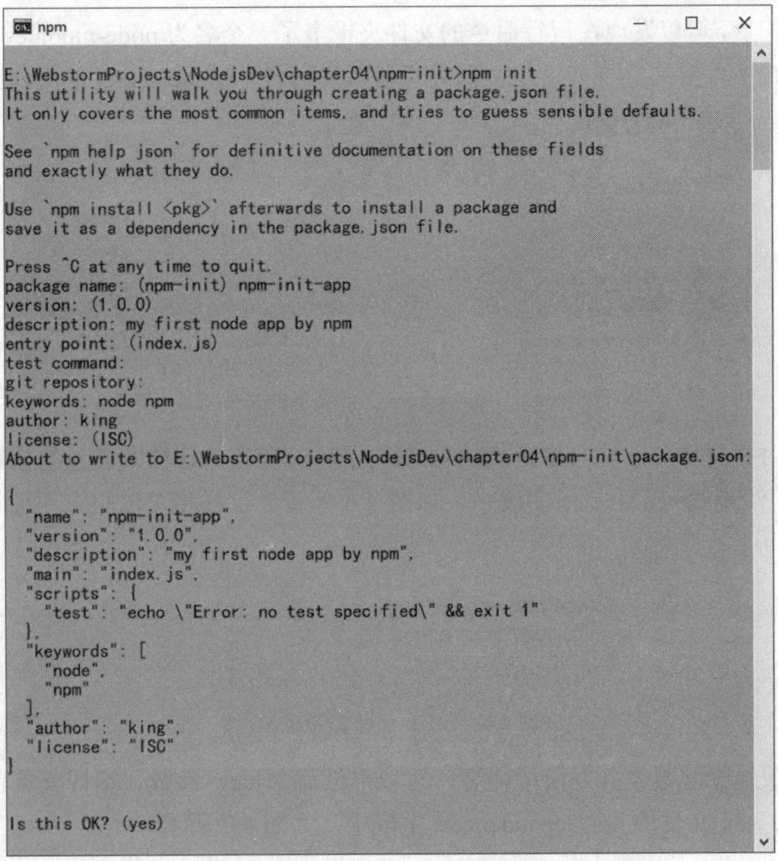

```
npm                                                      —   □   ×
E:\WebstormProjects\NodejsDev\chapter04\npm-init>npm init
This utility will walk you through creating a package.json file.
It only covers the most common items, and tries to guess sensible defaults.

See `npm help json` for definitive documentation on these fields
and exactly what they do.

Use `npm install <pkg>` afterwards to install a package and
save it as a dependency in the package.json file.

Press ^C at any time to quit.
package name: (npm-init) npm-init-app
version: (1.0.0)
description: my first node app by npm
entry point: (index.js)
test command:
git repository:
keywords: node npm
author: king
license: (ISC)
About to write to E:\WebstormProjects\NodejsDev\chapter04\npm-init\package.json:

{
  "name": "npm-init-app",
  "version": "1.0.0",
  "description": "my first node app by npm",
  "main": "index.js",
  "scripts": {
    "test": "echo \"Error: no test specified\" && exit 1"
  },
  "keywords": [
    "node",
    "npm"
  ],
  "author": "king",
  "license": "ISC"
}

Is this OK? (yes)
```

图 4.3　npm init 生成 package.json 文件

填写完毕后，可以看到在使用命令的文件夹中多了一个 package.json 文件。当然，如果读者不想填写这些内容，也可以在这条命令后添加参数-y 或者--yes，这样系统将会使用默认值生成 package.json 文件，例如：

```
npm init -y
//or
npm int --yes
```

4. npm install 安装第三方库

通过 npm install 命令安装包，如安装 underscore 包（underscore 是一个强大的 JavaScript 工具库，使用这个库可以大大提高开发效率），如图 4.4 所示。

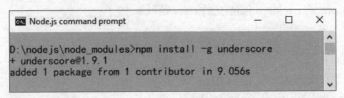

```
Node.js command prompt                              —   □   ×

D:\nodejs\node_modules>npm install -g underscore
+ underscore@1.9.1
added 1 package from 1 contributor in 9.056s
```

图 4.4　安装 underscore 的结果

命令运行完毕后，可以发现在运行命令的文件夹中多了一个名为 node-modules 的文件夹（用来存放安装包的文件夹）。打开这个文件夹就可以找到名为 underscore 的文件夹（用来存放 underscore 包），如图 4.5 所示。

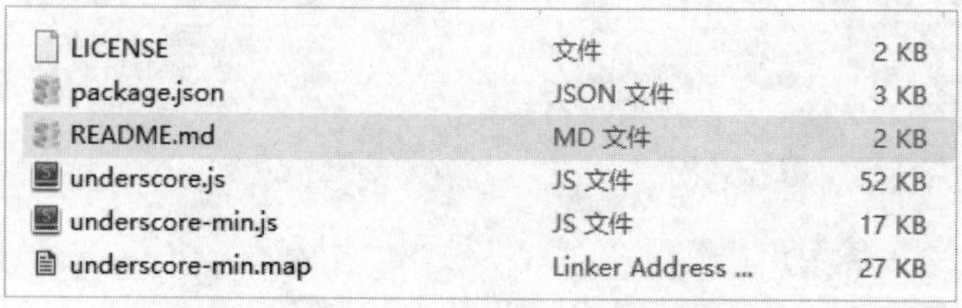

LICENSE	文件	2 KB
package.json	JSON 文件	3 KB
README.md	MD 文件	2 KB
underscore.js	JS 文件	52 KB
underscore-min.js	JS 文件	17 KB
underscore-min.map	Linker Address ...	27 KB

图 4.5　underscore 文件夹下的文件

在安装包的时候同样可以在命令后添加--save 或者-S 参数，这样安装包的信息将会记录在 package.json 文件的 dependencies 字段中，如图 4.6 所示。这样将可以很方便地管理包的依赖关系。

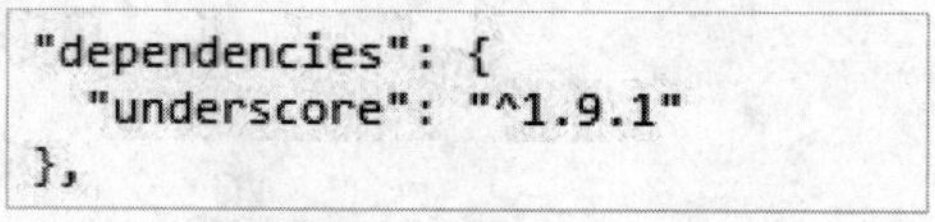

```
"dependencies": {
  "underscore": "^1.9.1"
},
```

图 4.6　使用--save 参数安装

当然，如果这个包只是开发阶段需要，可以继续添加-dev 参数。这样安装包的信息将会记录在 package.json 文件的 devDependencies 字段中，如图 4.7 所示。

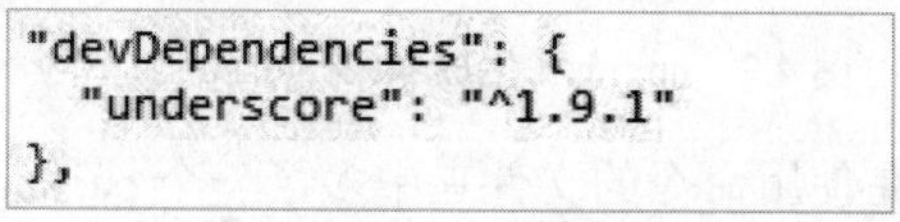

```
"devDependencies": {
  "underscore": "^1.9.1"
},
```

图 4.7　使用--save-dev 参数安装

建议将所有项目安装的包都记录在 package.json 文件中。当我们的 package.json 文件中有依赖包的记录时，只需要运行 npm install 命令，系统就会自动安装所有项目需要的依赖包。

当不需要使用某个包时，可以运行 npm uninstall 命令来卸载这个包。

4.1.2　package.json 文件

上文提到 package.json 文件是提供包描述的文件。在 Node.js 中，一个包是一个文件夹，文件夹中的 package.json 文件以 json 格式存储该包的相关描述。一个典型的 package.json 文件内容（这是 underscore 的 package.json 文件，有删减）如下：

```
{
"author": {
  "name": "Jeremy Ashkenas",
  "email": "jeremy@documentcloud.org"
},
"bugs": {
```

```
      "url": "https://github.com/jashkenas/underscore/issues"
  },
  "dependencies": {},
  "description": "JavaScript's functional programming helper library.",
  "devDependencies": {
    "docco": "*",
    "eslint": "0.6.x"
  },
  "directories": {},
  "gitHead": "e4743ab712b8ab42ad4ccb48b155034d02394e4d",
  "homepage": "http://underscorejs.org",
  "keywords": [
    "util",
    "functional",
    "server"
  ],
  "license": "MIT",
  "main": "underscore.js",
  "maintainers": [
    {
      "name": "jashkenas",
      "email": "jashkenas@gmail.com"
    },
    {
      "name": "jridgewell",
      "email": "justin+npm@ridgewell.name"
    }
  ],
  "name": "underscore",
  "repository": {
    "type": "git",
    "url": "git://github.com/jashkenas/underscore.git"
  },
  "version": "1.9.1"
}
```

下面对主要的字段进行说明。

- name：包的名字。
- repository：包存放的仓库地址。
- keywords：包的关键字，有利于别人通过搜索找到你的包。
- license：遵循的协议。
- maintainers：包的维护者。

- author: 包的作者。
- version: 版本号，遵循版本命名规范。
- dependencies: 包依赖的其他包。
- devDependencies: 包开发阶段所依赖的包。
- homepage: 包的官方主页。

当然以上仅列举了常见的字段，所有的字段解释说明读者可以在 https://docs.npmjs.com/files/package.json 找到。

4.2 模块加载原理与加载方式

Node.js 中的模块可以分为原生模块和文件模块。在 Node.js 中可以通过 require 方法导入模块，通过 exports 方法导出模块。

4.2.1 require 导入模块

对于原生模块（如 http），只需要使用 require（'http'）导入这个模块并将其赋值给一个变量即可使用这个模块导出的属性、方法等。

```
const http = require('http');
http.createServer(
// your code
)
```

对于文件模块，可以使用"./"前缀来指代当前路径，从而使用相对路径来加载模块。加载模块时，可以省略.js 拓展名。例如，在同级的文件夹 node 中有一个名为 myModule.js 的文件模块，可以这样导入：

```
const myModule = require('./node/myModule');
```

在 4.1 节中利用 NPM 下载了 underscore 模块，在 node_modules 文件夹的同级目录可以这样加载：

```
const underscore = require('./underscore');
```

这是因为 Node.js 内部会自动查找加载 node_modeles 文件夹下的模块。

这里有必要了解一下 Node.js 尝试路径的顺序。例如，某个模块的绝对路径是 home/hello/hello.js，在该模块中导入其他模块，写法为 require("me/first")，则 Node.js 会依次尝试使用路径：

```
/home/hello/node_modules/me/first
/home/node_modules/me/first
```

node_modules/me/first

4.2.2　exports 导出模块

一个模块中的变量和方法只能用于这个模块，如果想要与其他模块共享一些方法、属性等，就可以用 exports 导出一个对象。这个对象可以包含想要与其他模块共享的方法和属性等。

假设一个模块中有两个想要与其他模块共享的方法，一个用于数组去重，一个用于计算数组之和，可以像下面这样导出：

```
const util = {
    noRepeat: function(arr) {
        return arr.filter(function(ele, index) {
            return arr.indexOf(ele)==index;
        });
    },
    add: function(arr) {
        return arr.reduce(function(ele1, ele2) {
            return ele1 + ele2;
        });
    }
};

module.exports = util;
```

假设将这个模块保存为 exports.js，同级目录下通过 require 使用该模块，代码如下：

```
const arrFn = require('./exports');
const arr = [1,2,3,3,2];

let noRepeatArr = arrFn.noRepeat(arr);
let num = arrFn.add(arr);

console.log(noRepeatArr);
console.log(num);
```

假设将这个模块保存为 require.js，运行这段代码后，可以在控制台看到输出数组[1,2,3]和数字 11，说明模块导入成功，如图 4.8 所示。

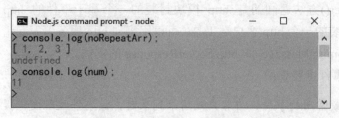

图 4.8　导入模块与导出模块

4.3 Node.js 核心模块

Node.js 的核心模块主要有 http、http2、fs、url、querystring 模块。下面分别对这几个模块进行分析。fs 模块在第 5 章详细介绍。http 模块在第 2 章的例子中使用过，本节将详细分析其方法和原理。另外，http2 模块是对 http 模块的技术升级，是 Node.js V10 版本中主要的新特性之一。虽然目前 http2 模块的功能仍处于实验阶段，但是十分有必要让读者先行了解一下该模块的概念。

4.3.1 http 模块——创建 HTTP 服务器和客户端

使用 http 模块只需要在文件中通过 require('http')引入即可。http 模块是 Node.js 原生模块中最为亮眼的模块。传统的 HTPP 服务器会由 Apache、Nginx、IIS 之类的软件来担任，但是 Node.js 并不需要。Node.js 的 http 模块本身就可以构建服务器，而且性能非常可靠。

1. Node.js 服务器端

下面创建一个简单的 Node.js 服务器。

【示例 4-1】

```
const http = require('http');

const server = http.createServer(function(req, res) {
   res.writeHead(200,{
      'content-type': 'text/plain'
   });
   res.end('Hello, Node.js!');
});
server.listen(3000, function() {
   console.log('listening port 3000');
});
```

【代码说明】

运行这段代码，在浏览器中打开 http://localhost:3000/或者 http://127.0.0.1:3000/，页面中显示 "Hello，Node.js！" 文字。

http.createServer()方法返回的是 http 模块封装的一个基于事件的 http 服务器。同样，http.request 是其封装的一个 http 客户端工具，可以用来向 http 服务器发起请求。上面的 req 和 res 分别是 http.IncomingMessage 和 http.ServerResponse 的实例。

http.Server 的事件主要有：

● request：最常用的事件，当客户端请求到来时，该事件被触发，提供 req 和 res 两个参数，表示请求和响应信息。

- connection: 当 TCP 连接建立时,该事件被触发,提供一个 socket 参数,是 net.Socket 的实例。
- close: 当服务器关闭时,触发事件(注意不是在用户断开连接时)。

http.createServer()方法其实就是添加了一个 request 事件监听,利用下面的代码同样可以实现【示例 4-1】的效果。

【示例 4-2】

```
const http = require('http');
const server = new http.Server();

server.on('request', function(req, res) {
   res.writeHead(200,{
       'content-type': 'text/plain'
   });
   res.end('Hello, Node.js!');
});

server.listen(3000, function() {
   console.log('listening port 3000');
});
```

http.IncomingMessage 是 HTTP 请求的信息,提供了以下 3 个事件:

- data: 当请求体数据到来时该事件被触发。该事件提供一个 chunk 参数,表示接收的数据。
- end: 当请求体数据传输完毕时该事件被触发,此后不会再有数据。
- close: 用户当前请求结束时,该事件被触发。

http.IncomingMessage 提供的属性主要有:

- method: HTTP 请求的方法,如 GET。
- headers: HTTP 请求头。
- url: 请求路径。
- httpVersion: HTTP 协议的版本。

将上面提到的知识融合到【示例 4-1】的服务器代码中。

【示例 4-3】

```
const http = require('http');

const server = http.createServer(function(req, res) {
   let data = '';
   req.on('data', function(chunk) {
      data += chunk;
```

```
    });
    req.on('end', function() {
        let method = req.method;
        let url = req.url;
        let headers = JSON.stringify(req.headers);
        let httpVersion = req.httpVersion;
        res.writeHead(200,{
            'content-type': 'text/html'
        });
        let dataHtml = '<p>data:' + data + '</p>';
        let methodHtml = '<p>method:' + method + '</p>';
        let urlHtml = '<p>url:' + url + '</p>';
        let headersHtml = '<p>headers:' + headers + '</p>';
        let httpVersionHtml = '<p>httpVersion:' + httpVersion + '</p>';
        let resData = dataHtml + methodHtml + urlHtml + headersHtml + httpVersionHtml;
        res.end(resData);
    });
});
server.listen(3000, function() {
    console.log('listening port 3000');
});
```

打开浏览器输入地址后，可以在浏览器页面中看到如图 4.9 所示的信息。

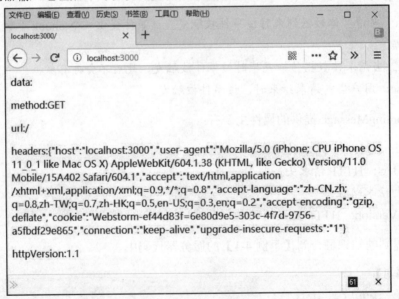

图 4.9　HTTP 浏览器效果

http.ServerResponse 是返回给客户端的信息，其常用的方法为：

● res.writeHead(statusCode,[headers])：向请求的客户端发送响应头。

- res.write(data,[encoding])：向请求发送内容。
- res.end([data],[encoding])：结束请求。

这些方法在上面的代码中已经演示过了，这里就不再演示了。

2. 客户端向 http 服务器发起请求

以上方法都是 http 模块在服务器端的使用，接下来看客户端的使用。向 http 服务器发起请求的方法有：

- http.request(option[,callback]): option 为 json 对象，主要字段有 host、port（默认为 80）、method（默认为 GET）、path（请求的相对于根的路径，默认是 "/"）、headers 等。该方法返回一个 httpClientRequest 实例。
- http.get(option[,callback])：http.request()使用 HTTP 请求方式 GET 的简便方法。

同时运行【示例 4-1】和【示例 4-4】的代码，我们可以发现命令行中输出 "Hello, Node.js!" 字样，表明一个简单的 GET 请求发送成功了。

【示例 4-4】

```
const http = require('http');
let reqData = '';
http.request({
    'host': '127.0.0.1',
    'port': '3000',
    'method': 'get'
}, function(res) {
    res.on('data', function(chunk) {
        reqData += chunk;
    });
    res.on('end', function() {
        console.log(reqData);
    });
}).end();
```

利用 http.get()方法也可以实现同样的效果。

【示例 4-5】

```
const http = require('http');
let reqData = '';
http.get({
    'host': '127.0.0.1',
    'port': '3000'
}, function(res) {
    res.on('data', function(chunk) {
        reqData += chunk;
```

```
    });
    res.on('end', function() {
        console.log(reqData);
    });
})).end();
```

与服务端一样，http.request()和 http.get()方法返回的是一个 http.ClientRequest()实例。http.ClientRequest()类主要的事件和方法有：

- response：当接收到响应时触发。
- request.write(chunk[,encoding][,callback])：发送请求数据。
- res.end([data][,encoding][,callback])：发送请求完毕，应该始终指定这个方法。

同样可以改写上述代码为【示例 4-6】。

【示例 4-6】

```
const http = require('http');
let reqData = '';
let option= {
    'host': '127.0.0.1',
    'port': '3000'
};

const req = http.request(option);

req.on('response', function(res) {
    res.on('data', function(chunk) {
        reqData += chunk;
    });
    res.on('end', function() {
        console.log(reqData);
    });
});
```

4.3.2　http2 模块——创建 HTTP/2 服务器和客户端

使用 http2 模块同样只需要通过 require('http2')引入即可，Node.js V10 版本已经将其作为默认模块来使用了。http2 模块是对 HTTP/2 协议的 Node 实现，该协议是一个二进制复用协议。HTTP/2 协议主要是实现了并行请求能在同一个链接中进行处理，移除了 HTTP/1.x 协议中关于顺序和阻塞的约束，压缩了 headers，允许服务器在客户端缓存中填充数据，并通过服务器推送机制来提前请求，等等。这里关于 HTTP/2 协议的具体内容就不展开了，读者可以参考相关文档。下面主要介绍通过 http2 模块创建 HTTP/2 服务器和客户端。

1. Node.js HTTP/2 服务器端

下面创建一个简单的 Node.js HTTP/2 服务器。

【示例 4-7】

```
const http2 = require('http2');
const fs = require('fs');

const server = http2.createSecureServer({
    key: fs.readFileSync('./ssl/localhost-privkey.pem'),
    cert: fs.readFileSync('./ssl/localhost-cert.pem')
});

server.listen(8443);
```

【代码说明】

http.createSecureServer()方法返回的是 http2 模块封装的一个基于事件的 http2 服务器，并通过 listen()方法监听客户端请求。

这里与 http 模块显著不同的地方是，http2 模块需要依赖于 ssl 安全证书来实现，因此就需要配合使用 fs 文件模块来引用证书文件。另外，本例中所引用的 ssl 安全证书文件请参考本书配套的源代码，读者可以直接借用到自己的项目中使用。

下面是一个完整的 Node.js HTTP/2 服务器代码。

【示例 4-8】

```
"use strict";

const http2 = require('http2');
const fs = require('fs');

const server = http2.createSecureServer({
    key: fs.readFileSync('./ssl/localhost-privkey.pem'),
    cert: fs.readFileSync('./ssl/localhost-cert.pem')
});

server.on('error', (err) => console.error(err));

server.on('stream', (stream, headers) => {
    // stream is a Duplex
    stream.respond({
    'content-type': 'text/html',
    ':status': 200});
    stream.end('<h1>Hello HTTP2</h1>');
});
```

```
server.listen(8443);
```

【代码说明】

HTTP/2 服务器端定义的 server 使用了以下 2 个事件和 1 个方法：

- stream: 当请求体数据到来时该事件被触发。该事件提供 2 个参数(stream 和 headers)，表示数据流和文件响应头信息。通过数据流 stream 实现了向客户端发送信息：
  - ◆ 通过 respond()方法向客户端定义了文件响应头信息。
  - ◆ 通过 end()方法向客户端发送了文本内容，并结束请求。
- error: 错误信息。
- 通过 listen()方法监听客户端请求（端口为 8443）。

2. Node.js HTTP/2 客户端向服务器端发起请求

接着介绍如何创建 Node.js HTTP/2 客户端，并向 http2 服务器发起请求。

- http2.connect(url, options): url 为请求的服务器地址和端口，option 为 json 对象，该方法返回一个 http2session 实例。
- http2session.request(headers[, options]): 请求 headers 相对于根的 path 路径(默认是"/")，该方法返回一个 http2stream 实例。

【示例 4-9】

```
"use strict";

const http2 = require('http2');
const fs = require('fs');

const client = http2.connect('https://localhost:8443', {
    ca: fs.readFileSync('./ssl/localhost-cert.pem')
});

client.on('error', (err) => console.error(err));

const req = client.request({':path': '/'});

req.setEncoding('utf8');

let data = '';

req.on('data', (chunk) => {
    data += chunk;
});
```

```
req.on('end', () => {
    console.log('\n' + data);
    client.close();
});


req.end();
```

【代码说明】

client.request 方法返回的是一个 http2stream 实例（req），其主要的事件和方法有：

- setEncoding()方法：设定文件编码类型。
- data 事件：发送请求数据。
- end 事件：发送请求完毕，并关闭客户端。
- end()方法：发送请求完毕，应该始终指定这个方法。

下面分别运行服务器端和客户端脚本文件，然后打开浏览器，输入地址（https://localhost:8443），可以在浏览器页面中看到如图 4.10 所示的信息。

图 4.10　HTTP/2 浏览器效果

如图 4.10 中箭头所示，浏览器地址中，🛡 图标表示该地址为不安全的，并标识为例外站点信息。

4.3.3　url 模块——url 地址解析

使用 url 模块只需要在文件中通过 require('url')引入即可。url 模块是一个分析、解析 url 的模块，主要提供以下三种方法：

- url.parse(urlStr[,parseQueryString][,slashesDenoteHost])：解析一个 url 地址，返回一个 url 对象。
- url.formate(urlObj)：接收一个 url 对象为参数，返回一个完整的 url 地址。
- url.resolve(from, to)：接收一个 base url 对象和一个 href url 对象，像浏览器那样解析，返回一个完整地址。

【示例 4-10】

```
const url = require('url');
let parseUrl = 'https://www.google.com/?q=node.js';

let urlObj = url.parse(parseUrl);
console.log(urlObj);
```

在控制台中输出如图 4.11 所示的信息，说明解析成功。

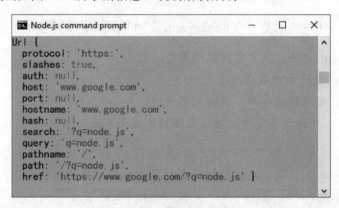

图 4.11 解析 url 地址

利用 url.format()方法返回上述完整地址的代码如下：

【示例 4-11】

```
const url = require('url');

let urlObj = {
    'host': 'www.google.com',
    'port': 80,
    'protocol': 'https',
    'search':'?q=node.js',
    'query': 'q=node.js',
    'path': '/'
};
let urlAdress = url.format(urlObj);
console.log(urlAdress);
```

运行代码后，可以在控制台看到完整的 url 地址。

resolve 的使用方法如下：

【示例 4-12】

```
const url = require('url');

let urlAdress = url.resolve('https://www.google.com', '/image');
```

```
console.log(urlAdress);
```

运行代码，可以在控制台看到完整的 url 地址：https://www.google.com/image。

4.3.4 url 模块——WHATWG URL 地址解析

WHATWG URL 是由 WHATWG 标准化组织提出的，对 url 地址进行标准化的实现。Node.js 中的 url 模块提供了两套 API 来处理 URLs：一套是 Node.js 遗留的特有 API，另一套是在 Web 浏览器中实现了 WHATWG URL Standard 的 API。Node.js 从 v8.0.0 版本开始对 WHATWG URL API 提供完整支持。在 Web 浏览器中，WHATWG URL 在全局中总是可用的。下面看一个关于 url 模块处理 WHATWG URL 的代码示例。

【示例 4-13】

```
/* url parse */
const url = require('url');
const myURL = url.parse('https://www.google.com/?q=node.js');
console.log(myURL);

/* WHATWG URL API */
const {URL} = require('url');
const myWHATWGURL = new URL('https://www.google.com/?q=node.js');
console.log(myWHATWGURL);
```

【代码说明】

url 模块处理 WHATWG URL 时与传统方式不同，是通过 new URL()方法来实现的。同时，在引用 url 模块时，也是通过对象方式来实现的（{URL}）。

下面通过控制台进行输出，对比一下两种 url 处理方式得出的结果的区别，具体如图 4.12 所示。

图 4.12 解析 WHATWG URL 地址

4.3.5　querystring 模块——查询字符串处理

使用 querystring 模块只需要在文件中通过 require('querystring')引入即可。querystring 模块是一个处理查询字符串的模块。这个模块的主要方法有：

- querystring.parse()：将查询字符串反序列化为一个对象，类似 JSON.parse()。
- querystring.stringify()：将一个对象序列化为一个字符串，类似 JSON.stringify()。

下面演示它们的使用方法。

将查询字符串反序列化为一个对象。

【示例 4-14】

```
const querystring = require('querystring');
let str = 'keyWord=node.js&name=huruji';

let obj = querystring.parse(str);
console.log(obj);
```

将对象序列化为一个查询字符串。

【示例 4-15】

```
const querystring = require('querystring');
let obj = {
    keyWord: 'node.js',
    name: 'huruji'
};

let str = querystring.stringify(obj);
console.log(str);
```

4.4　Node.js 常用模块

除了上述提到的核心模块外，Node.js 还有一些常用的模块。

4.4.1　util 模块——实用工具及功能

util 模块是一个工具模块，提供的主要方法有：

- util.inspect()：返回一个对象反序列化形成的字符串。
- util.format()：返回一个使用占位符格式化的字符串，类似于 C 语言的 printf。可以使用的占位符有%s、%d、%j。
- util.log()：在控制台输出，类似于 console.log()，但这个方法带有时间戳。

下面将用代码说明这些方法的使用。

【示例 4-16】

```
const util = require('util');

let obj = {
    keyWord: 'node.js',
    name: 'huruji'
};
let str = util.inspect(obj);

console.log(str);
```

上面这段代码已经将对象反序列化为一个字符串。之所以说这个方法在调试的时候非常有用，是因为我们还可以让控制台输出的字符串带有颜色和风格。这非常有利于区分各种数据类型。Node.js 默认的风格可参考表 4-1。

表 4-1　Node.js 默认的风格

数据类型	风格	数据类型	风格
数字	黄色	字符串	绿色
布尔值	黄色	日期	洋红色
正则表达式	红色	Null	粗体
Undefined	斜体		

只需要在 inspect()方法中添加一个 json 对象参数，将 color 字段设置为 true 即可。

【示例 4-17】

```
const util = require('util');

let obj = {
    keyWord: 'node.js',
    name: 'huruji'
};
let str = util.inspect(obj,{
    'color': true
});

console.log(str);
```

如果 util.format 方法中的参数少于占位符，那么多余的占位符不会被替换；如果参数多于占位符，那么剩余的参数将通过 util.spect()方法转换为字符串；如果没有占位符，就将以空格分隔各个参数并拼接成字符串。

【示例 4-18】

```
const util = require('util');
```

```
util.format('%s is %d', 'huruji', 12);
// huruji is 12

util.format('%s is a %s%s', 'huruji', 'FE');
// huruji is a FE%s

util.format('%s is a', 'huruji', 'FE');
// huruji is a FE

util.format('huruji', 'is', 'a', 'FE');
// huruji is a FE
```

除了这些方法外，util 模块还提供了一些判断数据类型的函数，如 util.isArray()、util.isRegExp()、util.isDate()等。

从 Node.js V10 版本开始，util 模块增加了一组关于 types 类型的方法，可以实现对象类型的判断。下面是一个关于如何使用 util 模块 types 类型方法的代码示例，列举了一小部分比较常用的方法。

【示例4-19】

```
const util = require('util');

console.log(util.types.isStringObject('foo')); // Returns false
console.log(util.types.isStringObject(new String('foo')));  // Returns true

console.log(util.types.isArrayBuffer(new ArrayBuffer())); // Returns true
console.log(util.types.isArrayBuffer(new SharedArrayBuffer()));// Returns false

console.log(util.types.isAnyArrayBuffer(new ArrayBuffer())); // Returns true
console.log(util.types.isAnyArrayBuffer(new SharedArrayBuffer()));//Returnstrue

console.log(util.types.isBooleanObject(false)); // Returns false
console.log(util.types.isBooleanObject(true));  // Returns false
console.log(util.types.isBooleanObject(new Boolean(false)));  // Returns true
console.log(util.types.isBooleanObject(new Boolean(true)));   // Returns true
console.log(util.types.isBooleanObject(Boolean(false))); // Returns false
console.log(util.types.isBooleanObject(Boolean(true))); // Returns false

const map = new Map();
console.log(util.types.isMap(map)); // Returns true
console.log(util.types.isMapIterator(map.keys())); // Returns true
console.log(util.types.isMapIterator(map.values())); // Returns true
console.log(util.types.isMapIterator(map.entries())); // Returns true
```

```
console.log(util.types.isMapIterator(map[Symbol.iterator]())); // Returns true

const set = new Set();
console.log(util.types.isMap(set));  // Returns true
console.log(util.types.isSetIterator(set.keys()));  // Returns true
console.log(util.types.isSetIterator(set.values()));  // Returns true
console.log(util.types.isSetIterator(set.entries()));  // Returns true
console.log(util.types.isSetIterator(set[Symbol.iterator]())); // Returns true

function util_types_arguments() {
    console.log(util.types.isArgumentsObject(arguments));  // Returns true
}
util_types_arguments();
```

【代码说明】

在使用 util.types 类型方法时要注意，所有方法的参数都必须为对象类型。比如，判断字符串时会返回"false"结果，而将同样的字符串定义为 String 对象时则会返回"true"结果。另外，util.types 类型方法适用范围比较广，不但包括基本对象类型，还包括 Set 和 Map 这类集合对象类型，甚至对函数对象也定义了相应的方法。

4.4.2　path 模块——路径处理

path 模块提供了一系列处理文件路径的工具，主要的方法有：

- path.join()：将所有的参数连接起来，返回一个路径。
- path.extname()：返回路径参数的拓展名，无拓展名时返回空字符串。
- path.parse()：将路径解析为一个路径对象。
- path.format()：接收一个路径对象为参数，返回一个完整的路径地址。

下面用代码说明这些方法的使用。

【示例 4-20】

```
const path = require('path');

let outputPath = path.join(__dirname, 'node', 'node.js');
console.log(outputPath);
```

若上面这段代码文件存放的文件夹为 C 盘目录下的 frontEnd 文件夹，即__dirname 表示 C:\frontEnd，则返回：

```
C:\frontEnd\node\node.js
```

利用 path.extname()方法解析上面的代码返回路径中的拓展名.js，代码如下：

【示例 4-21】

```
const path = require('path');

let ext = path.extname(path.join(__dirname, 'node', 'node.js'));
console.log(ext);
```

在 Node.js 中，一个文件对象有 root、dir、base、ext、name 五个字段，分别对应根目录（一般是磁盘名）、完整目录、路径最后一部分（可能是文件名或文件夹名，是文件名时带拓展名）、拓展名、文件名（不带拓展名），可以利用以下代码将上面的地址解析成一个路径对象。

【示例 4-22】

```
const path = require('path');
const str = 'd:/nodejs/node.exe';

let obj = path.parse(str);
console.log(obj);
```

我们将在控制台看到如图 4.13 所示的输出。

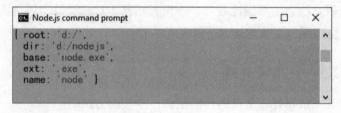

图 4.13　解析路径

如果我们将控制台输出的这个对象作为 path.format() 的参数使用，就将会得到上面的路径字符串。

4.4.3　dns 模块

dns 模块的功能是域名处理和域名解析，常用的方法有：

● dns.resolve()：将一个域名解析为一个指定类型的数组。

● dns.lookup()：返回第一个被发现的 IPv4 或者 IPv6 地址。

● dns.reverse()：通过 IP 解析域名。

下面用代码说明这些方法的使用。

可以通过 dns.resolve() 方法解析一下百度的 IPv4 地址。

【示例 4-23】

```
const dns = require('dns');

let domain = 'nodejs.org';
```

```
dns.resolve(domain, function(err, address) {
    if(err) {
        console.log(err);
        return;
    }
    console.log(address);
})
```

运行代码后，可以在控制台中看到如图 4.14 所示的数组输出。

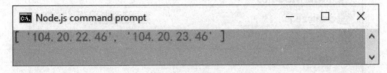

图 4.14 解析 DNS

利用 dns.lookup()方法会返回上面这个数组中的一个元素。

【示例 4-24】

```
const dns = require('dns');

let domain = 'baidu.com';

dns.lookup(domain, function(err, address) {
    if(err) {
        console.log(err);
        return;
    }
    console.log(address);
})
```

　　笔者控制台输出的便是上面数组中的第二个元素，即 111.13.101.208 这个地址。读者可以自行查看一下自己网络返回的地址。

　　我们将一个 IP 地址 114.114.114.114 传递给 dns.reverse()方法，就会得到一个域名数组，不过这个数组中只有 public1.114dns.com 这个域名。

【示例 4-25】

```
const dns = require('dns');

dns.reverse('114.114.114.114', function(err, domain) {
    console.log(domain);
})
```

4.5　实战——爬取网页图片

　　本节将利用本章所介绍的知识实现一个完整的实例：利用 Node.js 爬取一个网页，通过第三方模块 cheerio.js 分析这个网页的内容，最后将这个网页的图片文件保存在本地。

4.5.1　项目目录与思路

整个实例的项目目录如图 4.15 所示。

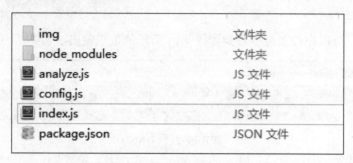

img	文件夹
node_modules	文件夹
analyze.js	JS 文件
config.js	JS 文件
index.js	JS 文件
package.json	JSON 文件

图 4.15　实例项目目录

- img 文件夹用来存储图片文件。
- node_modules 文件夹是模块默认的保存位置。
- index.js 文件是整个项目的入口文件。
- config.js 文件是配置文件，用来放置网页地址和图片文件夹的路径。这样做的目的是使整个项目的可拓展性增强。
- analyze.js 文件用来存储分析 DOM 的方法。
- package.json 文件是包的描述文件。

整体的思路是通过第三方模块 request 请求网页地址，从而得到整个网页的 DOM 结构，根据 DOM 结构利用 cheerio 模块分析出图片文件的地址，再次请求这个地址，最后将得到的图片数据储存在本地。

4.5.2　下载第三方模块

如前面章节介绍的，我们可以利用 npm install 命令下载需要的模块。下面的代码就可以将我们需要的 request 和 cheerio 模块下载到本地：

```
npm install request cheerio
```

打开 node_modules 文件夹便可找到相应模块的文件。

4.5.3　配置网页地址及图片存放的文件夹

这里将配置内容写入 config.js 文件中，再在文件中通过 exports 导出这些配置内容，从而使其他文件可以使用，代码如下：

```
// config.js
const url = '填写具体网址';
const path = require('path');
```

```
const imgDir = path.join(__dirname, 'img');

module.exports.url = url;
module.exports.imgDir = imgDir;
```

这里读者可自行将请求的网址填写在 url 变量中。

4.5.4　解析 DOM 得到图片地址

这里假设我们已经得到了 DOM 结构，将分析 DOM 部分的代码写入 analyze.js 文件中，通过 cheerio 得到每一张图片的地址，最后利用一个回调函数 callback 处理这个地址（当然在这里回调函数 callback 是发送请求），代码如下：

```
// analyze.js
const cheerio = require('cheerio');

function findImg(dom, callback) {
    let $ = cheerio.load(dom);
    $('img').each(function(i, elem) {
        let imgSrc = $(this).attr('src');
        callback(imgSrc, i);
    });
}

module.exports.findImg = findImg;
```

cheerio 模块可以使开发者像 jQuery 一样操作 DOM。这里得到了请求网页中每一张图片文件的地址。读者可以通过更多的 DOM 分析过滤部分不需要的图片，留下自己最想要的图片。

4.5.5　请求图片地址

这里将请求的操作放在主模块 index.js 文件中，将 config.js 和 analyze.js 文件引入这个模块，利用 request 模块请求图片地址，得到 DOM 结构。将 DOM 结构交给 analyze 模块的 findImg() 方法进行处理，代码如下：

```
// index.js
const request = require('request');
const path = require('path');
const config = require('./config');
const analyze = require('./analyze');

function start() {
    request(config.url, function(err, res, body) {
        console.log('start');
        if(!err && res) {
```

```
        console.log('start');
        analyze.findImg(body);
    }
  })
}
```

4.5.6　图片文件的保存

通过分析 DOM 结构得到图片地址后，利用 request 再次发送请求，将请求得到的数据写入本地即可。这里也将其封装成一个函数，追加在 index.js 文件中，代码如下：

```
function downLoad(imgUrl, i) {
    let ext = imgUrl.split('.').pop();
    request(imgUrl).pipe(fs.createWriteStream(path.join(config.imgDir, i + '.' +
ext), {
        'encoding': 'utf8'
    }))
    console.log(i);
}
```

同时，我们也要将这个 downLoad 函数作为参数传递给 analyze 模块的 findImg 方法，最后运行这个项目的主函数 start()，这样项目才会运行起来。index.js 文件中的完整代码如下：

```
var fs = require('fs');
const request = require('request');
const path = require('path');
const config = require('./config');
const analyze = require('./analyze');

function start() {
    request(config.url, function(err, res, body) {
        console.log('start');
        if(!err && res) {
            console.log('start');
            analyze.findImg(body,downLoad);
        }
    })
}

function downLoad(imgUrl, i) {
    let ext = imgUrl.split('.').pop();
    request(imgUrl).pipe(fs.createWriteStream(path.join(config.imgDir, i + '.' +
ext), {
        'encoding': 'utf8'
    }))
    console.log("Get " + i + " pic...");
}

start();
```

4.5.7　启动项目

利用命令行运行 index.js 文件便可以启动这个项目了，启动后可以看到控制台输出的调试信息如图 4.16 所示。

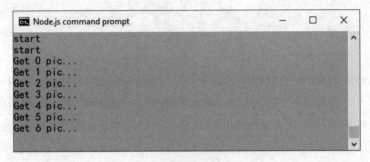

图 4.16　控制台输出的调试信息

代码运行一段时间后，可以在 img 文件夹中找到那些保存的图片，具体如图 4.17 所示。

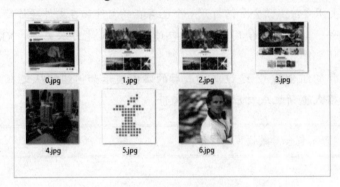

图 4.17　爬取的图片结果

这里只是演示了最基本的爬取图片并保存的代码。如前文所述，如果读者需要精确保存需要的图片，就要对 DOM 结构进行更加详细的分析。

4.6　温故知新

学完本章，读者需要回答：

1. 如何通过 NPM 下载第三方模块？
2. 如何生成一个 package.json 文件？
3. package.json 文件有哪些主要的字段，分别代表什么意思？
4. Node.js 如何导出和引入模块？
5. Node.js 的核心模块主要有哪些，分别有哪些常用的方法？

第 5 章
◀ 文件系统 ▶

文件的操作在 Node.js 的编程中非常重要。Node.js 可以跨平台运行，所以在处理文件的操作时需要考虑不同操作系统的区别。Node.js 同时提供大量核心的 API 和外部模块供开发人员轻松地进行文件的读写和其他操作，并以高效率著称。本章将深入讨论如何在 Node.js 中使用这些模块来完成文件操作。

通过本章的学习可以掌握以下内容：

- 文件路径：学会如何处理文件的路径和从文件路径中获取信息。
- 打开和关闭文件：学会如何打开一个已存在的文件和在文件操作结束后正常关闭文件。
- 读写文件：学会如何使用 Node.js 包读取和写入纯文本文件、XML 文件、CSV 文件和 JSON 文件。
- 文件操作的组合应用：通过本章最后的实例演示如何组织从文本文件中读取数据并修改数据格式重新生成对应的 CSV 文件。

 本章内容不包含对数据库的操作。

5.1 Node.js 文件系统介绍

Node.js 为文件操作提供了大量的 API。这些 API 基本上和 UNIX（POSIX）中的 API 相对应。Node.js 在操作文件时使用的是 fs（file system，文件系统）模块。文件系统模块有两种不同的方法，分别是异步和同步。

5.1.1 同步和异步

为了使用 Node.js 进行文件操作，首先要使用 require('fs')来加载文件系统模块。异步方法的最后一个参数是一个完整的回调函数（callback 函数）。传递给回调函数的参数一般取决于这个方法本身，但是第一个参数永远是异常（err）。如果方法执行成功，第一个参数将会是 null 或者 undefined。当使用同步方法来执行时，任何异常都会立刻引发。我们可以使用 try 或者 catch 来处理异常并将错误信息显示出来。

下面给出一个异步方法的例子，其中 tmp 文件夹下有一个 hello 文件。

【示例 5-1】

```
const fs = require('fs');

//异步操作读取文件
fs.unlink('./tmp/hello',(err) => {
  if (err) throw err;
  console.log('successfully deleted ./tmp/hello');
});
```

【代码说明】

这段代码将删除在 tmp 目录下的 hello 文件,如果删除成功,就在 console 中打印删除成功的信息。也可以使用同步的方法实现同样的功能。下面的代码将使用同步的方法执行相同的操作:

```
const fs = require('fs');

//同步操作读取文件
fs.unlinkSync('./tmp/hello');
console.log('successfully deleted /tmp/hello');
```

异步操作的方法不能保证一定执行成功,所以文件操作的顺序在代码执行过程中是非常重要的,例如下面的代码将会引发一个错误。

【示例 5-2】

```
//重命名 hello 文件为 world 文件
fs.rename('./tmp/hello', './tmp/world', (err) => {
  if (err) throw err;
  console.log('renamed complete');
});
//获取 world 文件的信息
fs.stat('./tmp/world', (err, stats) => {
  if (err) throw err;
  console.log(`stats: ${JSON.stringify(stats)}`);
});
```

fs.stat 将在 fs.rename 之前执行,正确的方法是使用回调函数来执行。下面的代码是正确使用回调函数来处理程序执行过程中的异常:

```
fs.rename('./tmp/hello', './tmp/world', (err) => {
  if (err) throw err;
  fs.stat('./tmp/world', (err, stats) => {
    if (err) throw err;
    console.log(`stats: ${JSON.stringify(stats)}`);
  });
});
```

 在一个大型的系统中,建议使用异步方法,同步方法将会导致进程被锁死。和同步方法相比,异步方法性能更高、速度更快,而且阻塞更少。本书以介绍异步方法为主,同步方法为辅。

5.1.2　fs 模块中的类和文件的基本信息

Node.js 在文件模块中只有 4 个类，分别为 fs.FSWatcher、fs.ReadStream、fs.Stats 和 fs.WriteStream。其中，fs.ReadStream 和 fs.WriteStream 分别是读取流和写入流，我们将在后面的内容中进行介绍；fs.FSWatcher 和 fs.Stats 可以获取文件的相关信息。

stats 类中的方法有：

- stats.isFile()：如果是标准文件就返回 true，如果是目录、套接字、符号连接或设备等就返回 false。
- stats. isDirectory()： 如果是目录就返回 true。
- stats. isBlockDevice()：如果是块设备就返回 true。大多数情况下，类 UNIX 系统的块设备都位于/dev 目录下。
- stats. isCharacterDevice()： 如果是字符设备就返回 true。
- stats. isSymbolicLink()： 如果是符号连接就返回 true。fs.lstat()方法返回的 stats 对象才有此方法。
- stats.isFIFO()：如果是 FIFO 就返回 true，FIFO 是 UNIX 中一种特殊类型的命令管道。
- stats. isSocket()： 如果是 UNIX 套接字就返回 true。

使用 fs.stat()、fs.lstat()和 fs.fstat()方法都将返回文件的一些特征信息，如文件的大小、创建时间或者权限。一个典型的查询文件元信息的代码如下：

【示例 5-3】

```
var fs = require('fs');

fs.stat('5-3.js', function (err, stats) {
    console.log(stats);
})
```

运行上面的代码，将会输出如图 5.1 所示的文件信息。

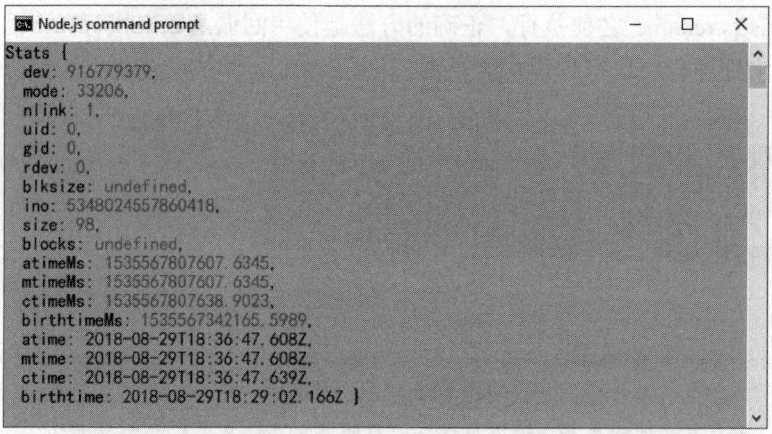

图 5.1　文件信息查询结果

5.1.3 文件路径

在 Node.js 中，访问文件既可以使用相对路径又可以使用绝对路径。我们可以使用 path 模块功能来修改链接、解析路径，还可以对路径进行转换和规范化。需要注意的是，不同操作系统的路径分隔也不一样，如有的需要带"/"，有的不需要。因此，处理文件路径会比较困难，使用 path 模块可以很好地解决这些问题。

使用 path 模块时，首先要用 require('path')进行引用。path 模块主要有以下几个主要功能：

- 规范化路径。
- 连接路径。
- 路径解析。
- 查找路径之间的关系。
- 提取路径中的部分内容。

下面的代码使用 normalize()方法来规范化路径字符串，在存储和使用路径之前将其规范化可以避免之后的错误引用。

```
var path = require('path');
path.normalize('/chapter05//tmp/asdf/quux/..');
// 处理后
'/ chapter05/tmp/asdf'
```

join()方法可以连接任意多个路径字符串。要连接的多个路径可作为参数传入。下面给出一个路径连接的示例。

【示例 5-4】

```
var path = require('path');
//合法的字符串连接
path.join('/chapter05', 'tmp/asdf', 'quux', '..')
// 连接后
'/chapter05/tmp/asdf'

//不合法的字符串将抛出异常
path.join('/chapter05', {}, 'tmp')
// 抛出的异常
TypeError: Arguments to path.join must be strings'
```

【代码说明】

path.relative()方法可以找出一个绝对路径到另一个绝对路径的相对关系。例如，下面的代码判定两个路径的相对关系，结果将输出为'.../.../zxcv'。

```
var path = require('path');
path.relative('/chapter05/tmp/asdf', '/chapter05/tmp/zxcv');
```

在使用相对路径的时候，路径的相对性应该与 process.cwd()一致。

5.2 基本文件操作

Node.js 使用流（stream）的方式来处理文件。这种处理方式和处理网络数据几乎是一样的，操作起来非常方便。使用流的方式操作一般会有一个问题，即无法在文件的指定位置进行读写。但是 Node.js 进行了更底层的操作，除了可以在文件的尾部写入数据外，也可以在文件的特定位置写入数据。

Node.js 中有丰富的 API 支持对文件的各种操作，包括获取文件信息、创建和删除文件、打开和关闭文件、读写数据。在本节中将会介绍文件的一些基本操作，下一节会针对具体格式的文件操作进行讲解。

5.2.1 打开文件

在处理文件之前都需要使用 Node.js 中的 fs.open 方法来打开文件，然后才能使用文件描述符调用所提供的回调函数。在异步模式下打开文件的语法如下：

```
fs.open(path, flags[, mode], callback)
```

参数使用说明如下：

- path：文件的路径。
- flags：文件打开的方式，具体说明可参见表 5-1。
- mode：设置文件模式（权限），文件创建默认权限为可读写。
- callback：回调函数，同时带有两个参数。

表 5-1　fs.open 中 flag 参数说明

flag 值	说明
r	以读取模式打开文件，如果文件不存在，就抛出异常
r+	以读写模式打开文件，如果文件不存在，就抛出异常
rs	以同步的方式读取文件
rs+	以同步的方式读取和写入文件
w	以写入模式打开文件，如果文件不存在，就创建
wx	类似 'w'，但若文件路径存在，则文件写入失败
w+	以读写模式打开文件，如果文件不存在，就创建
wx+	类似 'w+'，但若文件路径存在，则文件读写失败
a	以追加模式打开文件，如果文件不存在，就创建
ax	类似 'a'，但若文件路径存在，则文件追加失败

下面的代码将打开一个文件，并在打开之前和成功打开之后在 console 中显示相对应的消息。

【示例 5-5】

```
var fs = require('fs');

// 打开文件
console.log("准备打开文件!");
fs.open('text.txt', 'r+', function(err, fd) {
   if (err) {
      return console.error(err);
   }
   console.log("成功打开文件!");
});
```

5.2.2 关闭文件

关闭文件将使用 fs.close 和 fs.closeSync 方法。其中，fs.closeSync 为同步操作的方法。我们在这里主要介绍使用异步的 fs.close 方法。它一共有两个参数可以设定，具体语法如下：

```
fs.close(fd, callback)
```

参数使用说明如下：

● fd: 通过 fs.open()方法返回的文件描述符。
● callback: 回调函数，没有参数。

在实际的开发过程中，如果打开了一个文件，就应该在文件操作完成之后尽快关闭该文件，为此可能需要跟踪那些已经打开的文件描述符，并在操作完成之后确保文件正确关闭。下面的代码将建立一个新的文本文件，并进行打开文件和关闭文件的操作。

【示例 5-6】

```
var fs = require('fs');

console.log("准备打开文件!");
fs.open('input.txt', 'r+', function(err, fd) {
   if (err) {
      return console.error(err);
   }
   console.log("文件打开成功!");

   // 关闭文件
   fs.close(fd, function(err){
      if (err){
         console.log(err);
      }
```

```
    console.log("文件关闭成功!");
  });
});
```

【代码说明】

事实上，并不需要经常使用 fs.close 来关闭文件。除了几种特例之外，Node.js 在进程退出之后将自动把所有文件关闭。原因在于，在使用 fs.readFile、fs.writeFile 或 fs.append 之后，它们并不返回任何 fd，Node.js 将在文件操作之后进行判断并自动关闭文件。例如，在执行下面的代码后并不需要使用 fs.close 来关闭文件。

```
var fs = require('fs');
// 在/home/text.txt 中写入字符串 abc
fs.writeFile("/home/text.txt","abc");
```

在使用一些方法的时候，例如 fs.createReadStream，在 option 中有 autoClose 选项，之后在 autoClose 选项设置为 true 的时候才会在文件操作之后自动关闭，详细内容请参见相关方法的具体说明或 Node.js 的官方手册。

5.2.3 读取文件

Node.js 目前支持 UTF-8、UCS2、ASCII、Binary、Base64、Hex 编码的文件，并不支持中文 GBK 或 GB2312 之类的编码，所以无法操作 GBK 或 GB2312 格式文件的中文内容。如果想读取 GBK 或 GB2312 格式的文件，需要第三方的模块支持，建议使用 iconv 模块或 iconv-lite 模块。其中，iconv 模块仅支持 Linux，不支持 Windows。

在 Node.js 中读取文件一般使用 fs.read 方法。该方法从一个特定的文件描述符（fd）中读取数据，语法格式如下：

```
fs.read(fd, buffer, offset, length, position, callback)
```

参数使用说明如下：

- fd: 通过 fs.open()方法返回的文件描述符。
- buffer: 数据写入的缓冲区。
- offset: 缓冲区写入的写入偏移量。
- length: 要从文件中读取的字节数。
- position: 文件读取的起始位置，如果 position 的值为 null，就会从当前文件指针的位置读取。
- callback: 回调函数，有 err、bytesRead、buffer 三个参数。其中 err 为错误信息，bytesRead 表示读取的字节数，buffer 为缓冲区对象。

下面的代码是一个文件读取的示例。首先，使用 fs.open()方法将文件打开；然后，从第 100 个字节开始，读取后面的 1024 个字节的数据；读取完成后，fs.open()会使用回调方法返回数据，再处理读取到的缓冲数据。

【示例 5-7】

```
var fs = require('fs');

fs.open('5-7.js', 'r', function (err, fd) {
    var readBuffer = new Buffer(1024),
    offset = 0,
    len = readBuffer.length,
    filePostion = 100;
    fs.read(fd, readBuffer, offset, len, filePostion, function(err, readByte){
    console.log('读取数据总数: '+readByte+' bytes' );
    // ==>读取数据总数
        console.log(readBuffer.slice(0, readByte));//数据已被填充到 readBuffer 中
    })
})
```

读取文件也可以使用 fs.readFile()方法，语法格式如下：

```
fs.readFile(filename[, options], callback)
```

● filename: 要读取的文件。
● options: 一个包含可选值的对象 。
  ➢ encoding {String | Null} 默认为 null。
  ➢ flag {String} 默认为'r'.
● callback: 回调函数。

fs.readFile 方法是在 fs.read 上的进一步封装，两者的主要区别是 fs.readFile 方法只能读取文件的全部内容。

 js 文件必须保存为 UTF8 编码格式。使用 Node.js 开发时，无论是代码文件还是要读写的其他文件，都建议使用 UTF8 编码格式保存，这样无须额外的模块支持。

5.2.4　写入文件

写入文件一般使用 fs.writeFile 和 fs.appendFile 方法。两者都可以将字符串或者缓存区中的内容直接写入文件，如果检测到文件不存在，就创建新的文件。fs.writeFile 和 fs.appendFile 的语法格式也非常接近，分别如下：

（1）fs.writeFile 语法：

```
fs.writeFile(filename, data[, options], callback)
```

参数使用说明如下：

- filename: 文件名或文件描述符。
- data: 写入文件的数据，可以是字符串（String）或流（Buffer）对象。
- options: 该参数是一个对象，包含{encoding, mode, flag}，默认编码为 UTF8，模式为 0666，flag 为 'w'.
- callback: 回调函数，只包含错误信息参数（err）。

（2）fs.appendFile 语法：

```
fs.appendFile(file, data[, options], callback)
```

参数说明如下：

- file: 文件名或者文件描述符。
- data: 可以是字符串或流对象。
- options: 该参数是一个对象，包含{encoding, mode, flag}，默认编码为 UTF8，模式为 0666，flag 为'w'.
- callback: 回调函数，只包含错误信息参数（err）。

下面将字符串和流作为数据源写入一个文件中。

【示例 5-8】

```
var fs = require('fs');

//使用 String 写入文件
var str = new String('data to append');
fs.appendFile('message.txt', 'data to append', 'utf8', callback);

//使用 Buffer 写入文件
var buf = new Buffer.from('data to append');
fs.appendFile('message.txt', buf, (err) => {
   if(err) throw err;
   console.log('The "data to append" was appended to file!');
});
```

【代码说明】

在执行写入文件之后不要使用提供的缓存区，因为一旦将其传递给写入函数，缓存区就处于写入操作的控制之下，直到函数结束之后才可以重新使用。

 在写入文件时一般要包含写入信息的具体位置，以追加模式打开文件的，文件的游标位于文件的尾部，因此写入的数据也位于文件的尾部。

5.3　利用 async_hooks 跟踪异步请求和处理

Node.js 本质上是一种单线程的语言,但单线程并不意味着 Node 进程中真的仅仅包含一个线程。一般来讲,在 Node 进程中只有一个主线程用于处理业务逻辑,而其余线程用于支持异步 IO 功能,因此也被称为 IO 线程。IO 线程主要用于接收主线程的 IO 事件请求,然后发起 IO 调用,并将 IO 调用的结果传递到主线程。

那么,Node.js 如何跟踪异步请求和处理就显得尤为重要了。在早期的 Node.js 版本中提供一些原生方法(比如 AsyncListener 功能),另外还有 Node 开发社区提供一些第三方插件,对跟踪 Node 异步请求和处理做了很好实现。但是,这些方法或多或少都有缺陷,而且规范上也不统一。

有设计需求自然就会推动技术进步,从 Node.js 第 8 版开始提供了一个实验性的功能——async_hooks 模块,实现了一个用于注册回调函数的 API,可追踪在 Node.js 应用中创建的异步资源的生命周期。

async_hooks 模块提供了创建跟踪 Node 异步请求和处理的方法(createHook()),下面简单介绍一下:

```
async_hooks.createHook(callbacks)
```

createHook 方法主要用于注册一系列回调函数,这些回调函数会在异步操作的各个生命周期的事件中被调用。回调函数(callbacks)包含 init()、before()、after()和 destroy()业务方法,一般这 4 个方法不需要全部使用,但 init()方法一般是必须使用的。

1. init()

```
init(asyncId, type, triggerAsyncId, resource)
```

参数说明:

- asyncId<number>: 异步资源的唯一 ID。当一个可能触发异步事件的类初始化的时候,init()方法将会被调用,然而随后的 before()、after()和 destroy()方法并不一定被调用。每个异步资源会被分配一个唯一的 ID,即 asyncId。
- type<string>: 异步资源的类型,这是 Node.js 内部定义好的,当然也提供了自定义的方案。
- triggerAsyncId<number>: 创建此异步资源的执行上下文的唯一 ID,即此资源调用链上的父 ID。
- resource<Object>: 一个代表异步资源的对象,可以从此对象中获得一些异步资源相关的数据。

2. before(asyncId)

before 回调表示当一个异步操作初始化或者完成时所对应的回调函数将被调用。asyncId 表示执行回调函数的异步资源的唯一 ID。理论上异步资源的回调将会被执行零次或者多次,因此 before 回调也可能被执行零到多次。

3. after(asyncId)

after 回调会在异步资源的回调被执行之后立即调用。

4. destroy(asyncId)

当 asyncId 代表的资源被销毁的时候，destory 回调被调用。

下面看一个具体使用 async_hooks 模块的代码示例，相信读者对 console.log()方法非常熟悉，因此没有过多关注该方法。其实，console.log()方法是一个彻头彻尾的异步方法，在控制台中输出的内容都是异步完成的。下面的代码示例将使用 async_hooks 模块跟踪 console.log()方法的异步请求和处理。

【示例 5-9】

```
'use strict';

const fs = require('fs');
const asyncHooks = require('async_hooks');

const hook = asyncHooks.createHook({
    init(asyncId, type, triggerAsyncId, resource) {
        fs.writeSync(1, 'init:
asyncId-${asyncId},type-${type},triggerAsyncId-${triggerAsyncId}\n');
    },
    before(asyncId) {
        fs.writeSync(1, 'before: asyncId-${asyncId}\n');
    },
    after(asyncId) {
        fs.writeSync(1, 'after: asyncId-${asyncId}\n');
    },
    destroy(asyncId) {
        fs.writeSync(1, 'destroy: asyncId-${asyncId}\n');
    }
}).enable();

console.log('hello');
console.log('async_hooks');
```

【代码说明】

首先要使用 require('async_hooks')引用 async_hooks 模块，然后调用 createHook()方法创建跟踪 Node 异步请求和处理的方法。在 createHook()方法内，分别实现了对 init()、before()、after()和 destroy()业务方法的定义。最后，分两次调用 console.log()方法在控制台中输出不同的文本信息。

在控制台中运行该 Node 程序，输出的调试信息如图 5.2 所示。

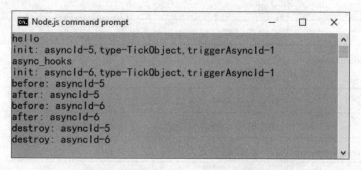

图 5.2　追踪 console.log()方法的异步请求和处理

从图 5.2 中可以看到，两个 console.log()方法调用的父级 ID 是相同的，但两个 console.log()方法自身的 ID 是不同的。同时根据 asyncId 值判断，init()、before()、after()和 destroy()这 4 个用于追踪的业务方法是依次被调用的。

5.4　其他文件操作

在实际的编程过程中，我们需要操作多种不同格式的文件。Node.js 除了提供官方的 API 对文件操作进行支持外，也可以通过 NPM 安装第三方的模块来进行文件的操作。本节主要介绍如何通过 Node.js 和第三方模块来操作，如 CSV 文件、XML 文件和 JSON 文件。本节我们以 CSV 文件为例来详细介绍。

CSV 是一种常见的数据格式。Node.js 中有很多模块可以解析 CSV 文件，这里建议搭建使用 node-CSV 来进行文件的解析操作。node-CSV 遵循开源的 BSD 协议，项目在 Git 网站的网址为 https://github.com/wdavidw/node-CSV。它一共包含 4 个包，分别为 CSV-generate、CSV-parse、stream-transform 和 CSV-stringify。各个包的功能具体如下：

- CSV-generate：用来生成标准的 CSV 文件。
- CSV-parse：将 CSV 文件解析为数组变量。
- stream-transform：一个转换框架。
- CSV-stringify：将记录转换为 CSV 的文本。

使用 node-CSV 时，需要先通过 npm 命令来安装 CSV 的包，具体命令如下：

```
npm install csv
```

其中每个包都与 stream2 和 stream3 的标准相兼容，并且提供一个简单的回调函数。CSV-parse 解析方法可以使用多种选项，但所有的选项都是可选的，而不是必需的，参见表 5-2。

表 5-2 fs.open 中的 flag 参数说明

flag 值	说明
delimiter (char)	设定分隔符，只能设定一个字符，默认为"，"
rowDelimiter (chars|constant)	定义行分隔符，默认值为'auto'，也可以设定为'unix'、'mac'、'windows'、'unicode'
quote (char)	默认为双引号，可以用来限定一个范围
escape (char)	设定转义字符，只能设定一个字符，默认为双引号
columns (array|boolean|function)	将一段数据设置为数组，默认为 null
comment (char)	注释，将后面的字符串都当作注释字段，默认为"
objname (string)	设置标题名称
skip_empty_lines (boolean)	忽略内容为空的行
trim (boolean)	默认值为 false，如果设定为 true，就将忽略分隔符附近的空格
ltrim (boolean)	默认值为 false，如果设置为 true，就将忽略分隔符后面的空格
rtrim (boolean)	默认值为 false，如果设置为 true，就将忽略分隔符后面的空格
auto_parse (boolean)	如果设置为 true，将从默认读取数据类型转换为 native 类型
auto_parse_date (boolean)	如果设置为 true，将尝试转换读取数据类型为 dates 类型

下面的代码将使用 CSV 模块中的 stream 来读取、解析和转换 CSV 文件。

【示例 5-10】

```
var CVS = require('CSV');

var generator = CSV.generate({seed: 1, columns: 2, length: 20});
var parser = CSV.parse();
var transformer = CSV.transform(function(data){
  return data.map(function(value){return value.toUpperCase()});
});
var stringifier = CSV.stringify();

generator.on('readable', function(){
  while(data = generator.read()){
    parser.write(data);
  }
});
//解析生成的 CSV 文件
parser.on('readable', function(){
  while(data = parser.read()){
    transformer.write(data);
  }
```

```
});
//将 CSV 文件转换为 txt 文件
transformer.on('readable', function(){
  while(data = transformer.read()){
    stringifier.write(data);
  }
});

stringifier.on('readable', function(){
  while(data = stringifier.read()){
    process.stdout.write(data);
  }
});
```

【代码说明】

首先要使用 require('csv')引用 csv 模块，引用之后，就可以直接使用它封装的方法和属性了。csv()相当于实例化一个对象，.from 和.to 都是 csv 封装的方法。

- .from()方法：从源文件中读取数据，参数既可以直接传字符串，又可以传源文件的路径。
- .to()方法：将从 form 方法中读取出来的数据输出，既可以输出到控制台，又可以输出到目标文件。此例子是输出到控制台。

5.5　实战——用 IP 地址来查询天气情况

本节将利用本章所介绍的文件操作方法实现一个完整的实例。

5.5.1　项目思路

从一个 JSON 格式的文件中读入 IP 地址，利用开放的 GEO 服务将 IP 地址转换为城市的名称，并将城市当天的天气信息输出到一个新的 JSON 文件。读取的 JSON 文件格式如下列代码所示。

```
//读取的 JSON 文件格式，每个为标准的 IP 地址
["115.29.230.208", "180.153.132.38", "75.125.235.224", "91.239.201.98",
"60.28.215.115"]
```

要求输出的文件格式如下：

```
//输出的文件格式 IP 地址、天气状况、城市名称
[
{ "ip": "115.29.230.208", "weather": "Clouds", "region": "Zhejiang" },
{ "ip": "180.153.132.38", "weather": "Clear", "region": "Shanghai" },
```

```
  { "ip": "75.125.235.224", "weather": "Rain", "region": "California" },
{ "ip": "91.239.201.98", "weather": "Clouds", "region": "Czech" },
  { "ip": "60.28.215.115", "weather": "Clear", "region": "Tianjin" }
]
```

整体的思路是：首先通过 fs 模块读取 JSON 文件中的内容，通过 JSON.parse 解析 IP 地址的信息，根据 IP 地址获取城市的名称和当地实时的天气信息。最后将所有的信息重新组织，并输出到一个新的 JSON 文件 weather.json。

5.5.2　引入基础模块

如前面章节介绍的，在进行文件操作之前，首先要引入必要的模块。下面的代码用 require 引入了我们所需要的所有模块：

```
//引入基础模块
var fs = require('fs')
var request = require('request')
var qs = require('querystring')
```

这里我们引入了 3 个模块，分别为：

（1）fs：从文件 ip.json 读取 IP 列表，把结果写入文件中。

（2）request：用来发送 HTTP 请求，根据 IP 地址获取 GEO 数据，再通过 GEO 数据获取天气数据。

（3）querystring：用来组装发送请求的 URL 参数。

5.5.3　解析 IP 地址信息

这里通过调用 fs.readFile 读取文件中的 IP 列表，再通过我们前面介绍的 JSON.parse 解析 JSON 数据，代码如下：

```
//通过 JSON.parse 解析 IP 列表中的地址
function readIP(path, callback) {
  fs.readFile(path, function(err, data) {
    if (err) {
      callback(err)
    } else {
      try {
        data = JSON.parse(data)
        callback(null, data)
      } catch (error) {
        callback(error)
      }
    }
  })
}
```

5.5.4　通过公共服务获取城市和天气信息

下面我们首先用 IP 地址查询相应的城市名称，这里需要利用 telize.com 的公共 GEO 查询服务。telize 是一个基于 Nginx 和 Lua 构建的 REST API，允许根据 IPv4 和 IPv6 的地址查询所在地区信息。在这里我们输出 JSON 封装的 IP 地理位置信息，telize 同时也支持 JSON 和 JSONP 格式的输入。下面的代码将用 IP 地址来查询地理信息和天气情况。

```javascript
//通过 telize 的公共 GEO 服务来获取城市信息
function ip2geo(ip, callback) {
 var url = 'http://www.telize.com/geoip/' + ip
 request({
   url: url,
   json: true
 }, function(err, resp, body) {
   callback(err, body)
 })
}
//通过 openweathermap 的公共服务来获取当地的天气信息
function geo2weather(lat, lon, callback) {
 var params = {
   lat: lat,
   lon: lon,
//public key 是从 openweathermap 申请的开发人员的唯一 key
   APPID: 'public key'
 }
 var url = 'http://api.openweathermap.org/data/2.5/weather?' +
qs.stringify(params)
 request({
   url: url,
   json: true,
 }, function(err, resp, body) {
   callback(err, body)
 })
}
```

OpenWeatherMap 服务提供了免费的天气数据和预测 API，如包含当前天气的地图、一周预报、降水、风、云等来自气象站的其他数据，并且 OpenWeatherMap 每天从全球超过 40 000 个气象站接收气象广播服务数据。

本例中使用 OpenWeatherMap 服务的 API 来获取任意的天气数据。其他类别的应用也可以使用 OpenWeatherMap 作为天气数据源，数据可以从 WMS 服务器接收并可以被嵌入任何基于 Web 的应用程序中。更多详细信息请参考 OpenWeatherMap 官方网址：http://openweathermap.org/。

本节的代码中有一个 APPID，做过微信开发的读者肯定都知道，这是一个开发者 ID，本例中的 APPID 是从 OpenWeatherMap 申请的开发者 ID，申请过程可参考 https://openweathermap.org/appid。

5.5.5　遍历 IP 地址

截至目前，我们通过公共服务已经获取到地理信息和天气信息的接口，接下来我们还要处理多个 IP 地址，所以需要并行地读取地理位置并读取相对应城市的天气数据。下面的代码将完成这部分功能。

```
function geos2weathers(geos, callback) {
  var weathers = []
  var geo
  var remain = geos.length
  for (var i = 0; i < geos.length; i++) {
    geo = geos[i];
    (function(geo) {
      geo2weather(geo.latitude, geo.longitude, function(err, weather) {
        if (err) {
          callback(err)
        } else {
          weather.geo = geo
          weathers.push(weather)
          remain--
        }
        if (remain == 0) {
          callback(null, weathers)
        }
      })
    })(geo)
  }
}
```

geos2weathers 在这里使用了一种比较简单的计算方法。remain 用来计算等待返回的个数。remain 为 0 表示并行请求结束，将处理结果装进一个数组返回。

5.5.6　将结果写入 weather.json

将结果写入 weather.json 的代码如下，这里使用一个 for 循环遍历每个 IP 地址的信息。

```
function writeWeather(weathers, callback) {
  var output = []
  var weather
  //使用 for 循环遍历每个 IP 地址的信息
  for (var i = 0; i < weathers.length; i++) {
    weather = weathers[i]
    output.push({
      ip: weather.geo.ip,
      weather: weather.weather[0].main,
      region: weather.geo.region
    })
  }
  //使用 fs.writeFile 函数将结果写入 weather.json 中
  fs.writeFile('./weather.json', JSON.stringify(output, null, '  '), callback)
}
```

程序运行之后，生成的 weather.json 文件如图 5.3 所示。

输出的 JSON 文件可以通过解析输出到 HTML 中，最终在应用程序中为用户提供实时的地理位置信息和当地的天气情况。本例我们重点介绍前半部分，所以具体如何显示类似图 5.4 的效果，读者可能还要参考一些 HTML+CSS 的技术，这里不再提供代码。

```
 1  [
 2    {
 3      "ip": "115.29.230.208",
 4      "weather": "Clouds",
 5      "region": "Zhejiang"
 6    },
 7    {
 8      "ip": "180.153.132.38",
 9      "weather": "Clear",
10      "region": "Shanghai"
11    },
12    {
13      "ip": "75.125.235.224",
14      "weather": "Rain",
15      "region": "California"
16    },
17    {
18      "ip": "91.239.201.98",
19      "weather": "Clouds",
20      "region": "Czech"
21    },
22    {
23      "ip": "60.28.215.115",
24      "weather": "Clear",
25      "region": "Tianjin"
26    }
27  ]
```

图 5.3　生成的天气结果 JSON 文件

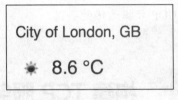

图 5.4　输出效果参考图

5.6　温故知新

学完本章，读者需要回答：

1. 打开文件和关闭文件使用什么方法？
2. 异步的操作有哪些优点？
3. Node.js 是否可以操作 GBK 或 GB2312 格式的文件？
4. 写入文件有哪几种方法？
5. 文件读取失败有哪几种原因，如何进行定位？
6. 如何利用 async_hooks 模块跟踪资源的异步请求和处理？
6. 创建一个文件，并将 0~100 之间可以被 3 整除的数写入该文件。
7. 读取一个 XML 文件，并将其转换为纯文本文件。

第 6 章
◀Node.js网络开发▶

网络是通信互联的基础,Node.js 提供了 net、http、dgram 模块,分别用来实现 TCP、HTTP、UDP 的通信。

通过本章的学习可以掌握以下内容:

- TCP 服务器和客户端的创建。
- HTTP 的路由控制思想。
- UDP 数据通信的实现。

6.1 构建 TCP 服务器

OSI 参考模型将网络通信功能划分为 7 层,即物理层、数据链路层、网络层、传输层、会话层、表示层和应用层。TCP 协议就是位于传输层的协议。Node.js 在创建一个 TCP 服务器的时候使用的是 net(网络)模块。

6.1.1 使用 Node.js 创建 TCP 服务器

为了使用 Node.js 创建 TCP 服务器,首先要使用 require('net')来加载 net 模块,然后使用 net 模块的 createServer 方法就可以轻松地创建一个 TCP 服务器。

```
net.createServer([options][,connectionListener])
```

- options 是一个对象参数值,有两个布尔类型的属性 allowHalfOpen 和 pauseOnConnect。这两个属性默认都是 false。
- connectionListener 是一个当客户端与服务端建立连接时的回调函数,这个回调函数以 socket 端口对象作为参数。

构建一个 TCP 服务器的代码如下。

【示例 6-1】

```
/*引入 net 模块*/
var net = require('net');


/*创建 TCP 服务器*/
```

```
var server = net.createServer(function(socket) {
    console.log('someone connects');
});
```

6.1.2　监听客户端的连接

使用 TCP 服务器的 listen 方法就可以开始监听客户端的连接：

```
server.listen(port[,host][,backlog][,callback]);
```

- port 参数为需要监听的端口号，参数值为 0 的时候将随机分配一个端口号。
- host 为服务器地址。
- backlog 为连接等待队列的最大长度。
- callback 为回调函数。

如下代码可以创建一个 TCP 服务器并监听 18001 端口。

【示例 6-2】
```
/*引入 net 模块*/
var net = require('net');

/*创建 TCP 服务器*/
var server = net.createServer(function(socket){
    console.log('someone connects');
});

    /*设置监听端口*/
server.listen(18001,function() {
    console.log('server is listening');
});
```

运行这段代码，可以在控制台看到执行 listen 方法的回调函数，如图 6.1 所示。

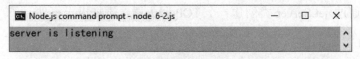

图 6.1　执行 listen 的回调函数

可以使用相应的 TCP 客户端或者调试工具来连接已经创建的这个 TCP 服务器。例如，要使用 Windows 的 Telnet 就可以用以下命令连接：

```
telnet localhost 18001
```

连接成功后可以看到控制台打印了"someone connects"字样，表明 createServer 方法的回调函数已经执行，说明已经成功连接到这个创建的 TCP 服务器，如图 6.2 所示。

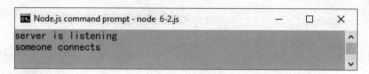

图 6.2　连接到 TCP 服务器

server.listen()方法其实触发的是 server 下的 listening 事件，所以也可以手动监听 listening 事件。如下代码同样实现了创建一个 TCP 服务器并监听 18001 端口的作用。

【示例 6-3】

```
/*引入 net 模块*/
var net = require('net');

/*创建 TCP 服务器*/
var server = net.createServer(function(socket){
    console.log('someone connects');
});

/*设置监听端口*/
server.listen(18001);

/*设置监听时的回调函数*/
server.on('listening',function(){
    console.log('server is listening');
});
```

除了 listening 事件外，TCP 服务器还支持以下事件：

● connection：当有新的链接创建时触发，回调函数的参数为 socket 连接对象。
● close：TCP 服务器关闭的时候触发，回调函数没有参数。
● error：TCP 服务器发生错误的时候触发，回调函数的参数为 error 对象。

下列的代码通过 net.Server 类创建一个 TCP 服务器，添加以上事件。

【示例 6-4】

```
/*引入 net 模块*/
var net = require('net');

/*实例化一个服务器对象*/
var server = new net.Server();

/*监听 connection 事件*/
server.on('connection', function(socket) {
    console.log('someone connects');
});
```

```
/*设置监听端口*/
server.listen(18001);

/*设置监听时的回调函数*/
server.on('listening', function() {
    console.log('server is listening');
});

/*设置关闭时的回调函数*/
server.on('close', function() {
    console.log('server closed');
});

/*设置出错时的回调函数*/
server.on('error', function(err) {
    console.log('error');
});
```

　　运行以上这段代码并用 Telnet 等工具连接这个创建的 TCP 服务器，可以发现效果和【示例 6-3】代码的效果一致。

6.1.3　查看服务器监听的地址

　　当创建了一个 TCP 服务器后，可以通过 server.address()方法来查看这个 TCP 服务器监听的地址，并返回一个 JSON 对象。这个对象的属性有：

● port：TCP 服务器监听的端口号。
● family：说明 TCP 服务器监听的地址是 IPv6 还是 IPv4。
● address：TCP 服务器监听的地址。

　　因为这个方法返回的是 TCP 服务器监听的地址信息，所以这个方法应该在使用了 server.listen()方法或者绑定事件 listening 中的回调函数中使用。

　　【示例 6-5】

```
/*引入 net 模块*/
var net = require('net');

/*创建服务器*/
var server = net.createServer(function(socket){
    console.log('someone connects');
});

/*设置监听端口*/
```

```
server.listen(18001,function() {

/*获取地址信息*/
  var address = server.address();

/*获取地址端口*/
  console.log('the port of server is ' + address.port);
  console.log('the address of server is ' + address.address);
  console.log('the famaily of server is ' + address.family);
});
```

运行这段代码可以发现已经在控制台打印出 TCP 服务器监听的地址信息，如图 6.3 所示。

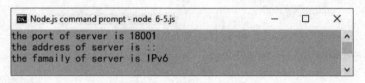

图 6.3　TCP 服务器监听的地址信息

6.1.4　连接服务器的客户端数量

创建一个 TCP 服务器后，可以通过 server.getConnections()方法获取连接这个 TCP 服务器的客户端数量。这个方法是一个异步的方法，回调函数有两个参数：

● 第一个参数为 error 对象。
● 第二个参数为连接 TCP 服务器的客户端数量。

除了获取连接数量外，也可以通过设置 TCP 服务器的 maxConnections 属性来设置这个 TCP 服务器的最大连接数量。当连接数量超过最大连接数量的时候，服务器将拒绝新的连接。如下代码设置创建的这个 TCP 服务器的最大连接数量为 3。

【示例 6-6】

```
/*引入 net 模块*/
var net = require('net');

/*创建服务器*/
var server = net.createServer(function(socket){
   console.log('someone connects');
   /*设置最大连接数量*/
   server.maxConnections = 3;
   server.getConnections(function(err, count) {
      console.log('the count of client is ' + count);
   });
});
```

```
/*设置监听端口*/
server.listen(18001,function() {
    console.log('server is listening');
});
```

运行这段代码,并尝试用多个客户端连接。可以发现当客户端连接数量超过 3 的时候,新的客户端就无法连接这个服务器了,如图 6.4 所示。

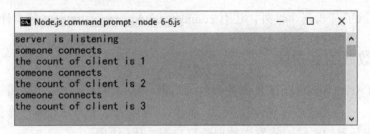

图 6.4　设置 TCP 服务器的最大连接数量

6.1.5　获取客户端发送的数据

上文提到 createServer 方法的回调函数参数是一个 net.Socket 对象(服务器所监听的端口对象)。这个对象同样也有一个 address()方法,用来获取 TCP 服务器绑定的地址,同样也是返回一个含有 port、family、address 属性的对象。

socket 对象可以用来获取客户端发送的流数据,每次接收到数据的时候触发 data 事件,通过监听这个事件就可以在回调函数中获取客户端发送的数据,代码如下:

【示例 6-7】

```
/*引入 net 模块*/
var net = require('net');

/*创建服务器*/
var server = net.createServer(function(socket){

    /*监听 data 事件*/
    socket.on('data',function(data){

    /*打印 data*/
        console.log(data.toString());
    });
});

    /*设置监听端口*/
server.listen(18001,function() {
    console.log('server is listening');
});
```

运行这段代码之后,通过 Telnet 等工具连接后,发送一段数据给服务端,在命令行中就可以发现数据已经被打印出来了，如图 6.5 所示。

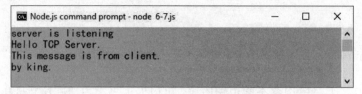

图 6.5　打印客户端发送的数据

socket 对象除了有 data 事件外，还有 connect、end、error、timeout 等事件。

6.1.6　发送数据给客户端

利用 socket.write()可以使 TCP 服务器发送数据。这个方法只有一个必需参数，就是需要发送的数据；第二个参数为编码格式，可选。同时，可以为这个方法设置一个回调函数。当有用户连接 TCP 服务器的时候，将发送数据给客户端，代码如下：

【示例 6-8】

```
/*引入 net 模块*/
var net = require('net');

/*创建服务器*/
var server = net.createServer(function(socket){

  /*获取地址信息*/
  var address = server.address();
  var message = 'client, the server address is ' + JSON.stringify(address);

  /*发送数据*/
  socket.write(message,function(){
    var writeSize = socket.bytesWritten;
    console.log(message + 'has send');
    console.log('the size of message is ' + writeSize);
  });

  /*监听 data 事件*/
  socket.on('data',function(data){
    console.log(data.toString());
    var readSize = socket.bytesRead;
    console.log('the size of data is ' + readSize);
  });
});

/*设置监听端口*/
server.listen(18001,function() {
  console.log('server is listening');
});
```

运行这段代码并连接 TCP 服务器，可以看到 Telnet 中收到了 TCP 服务器发送的数据，

Telnet 也可以发送数据给 TCP 服务器，如图 6.6 所示。

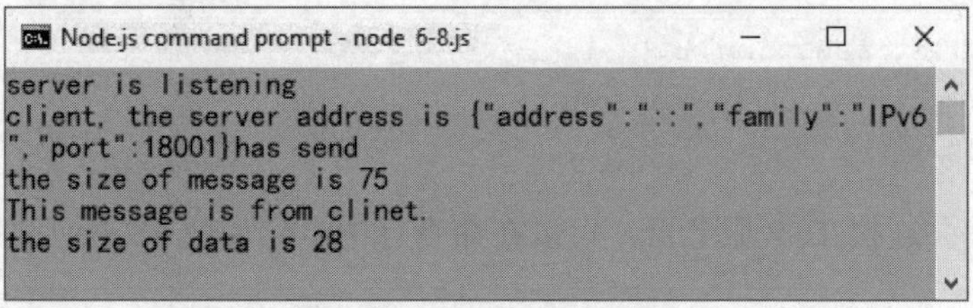

图 6.6　TCP 服务器发送的数据

在上面这段代码中还用到了 socket 对象的 bytesWritten 和 bytesRead 属性，这两个属性分别代表着发送数据的字节数和接收数据的字节数。

除了上面这两个属性外，socket 对象还有以下属性：

- socket.localPort：本地端口的地址。
- socket.localAddress：本地 IP 地址。
- socket.remotePort：远程端口地址。
- socket.remoteFamily：远程 IP 协议簇。
- socket.remoteAddress：远程的 IP 地址。

以下这段代码可以将这些属性打印在控制台。

【示例 6-9】

```
/*引入 net 模块*/
var net = require('net');

/*创建服务器*/
var server = net.createServer(function(socket){

    /*本地端口*/
    console.log('localPort: ' + socket.localPort);

    /*本地 IP 地址*/
    console.log('localAdress: ' + socket.localAddress);

    /*远程端口*/
    console.log('remotePort: ' + socket.remotePort);

    /*远程 IP 协议簇*/
    console.log('remoteFamily: ' + socket.remoteFamily);

    /*远程 IP 地址*/
    console.log('remoteAddress: ' + socket.remoteAddress);
});
```

```
/*设置监听端口*/
server.listen(18001,function() {
    console.log('server is listening');
});
```

运行这段代码并连接 TCP 服务器，可以在命令行中看到如图 6.7 所示的信息。

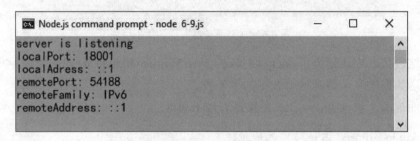

图 6.7　socket 的相关属性

6.2　构建 TCP 客户端

Node.js 在创建一个 TCP 客户端的时候同样使用的是 net（网络）模块。

6.2.1　使用 Node.js 创建 TCP 客户端

为了使用 Node.js 创建 TCP 客户端，首先要使用 require('net')来加载 net 模块。创建一个 TCP 客户端只需要创建一个连接 TCP 客户端的 socket 对象即可：

```
/*引入 net 模块*/
var net = require('net');

/*创建客户端*/
var client = new net.Socket();
```

创建一个 socket 对象的时候可以传入一个 json 对象。这个对象有以下属性：

- fd：指定一个存在的文件描述符，默认值为 null。
- readable：是否允许在这个 socket 上读，默认值为 false。
- writeable：是否允许在这个 socket 上写，默认值为 false。
- allowHalfOpen：该属性为 false 时，TCP 服务器接收到客户端发送的一个 FIN 包后将会回发一个 FIN 包；该属性为 true 时，TCP 服务器接收到客户端发送的一个 FIN 包后不会回发 FIN 包。

6.2.2　连接 TCP 服务器

创建了一个 socket 对象后，使用 socket 对象的 connect()方法就可以连接一个 TCP 服务器。例如，连接【示例 6-9】中创建的 TCP 服务器，可以使用以下代码。

【示例 6-10】

```
/*引入 net 模块*/
var net = require('net');

/*创建客户端*/
var client = net.Socket();

/*设置连接的服务器*/
client.connect(18001, '127.0.0.1', function() {
  console.log('connect the server');
});
```

运行【示例 6-9】的代码启动 TCP 服务器后运行【示例 6-10】这段代码，可以在命令行中发现打印了一些字样，说明 connect()方法的回调函数已经执行了，即已经成功连接上 TCP 服务器，如图 6.8 所示。

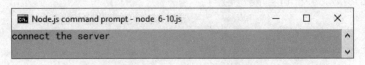

图 6.8　连接 TCP 服务器

6.2.3　获取从 TCP 服务器发送的数据

在 6.1 节中已经介绍了一个 socket 对象有 data、error、close、end 等事件，因此也可以通过监听 data 事件来获取从 TCP 服务器发送的数据。

【示例 6-11】

```
/*引入 net 模块*/
var net = require('net');

/*创建客户端*/
var client = net.Socket();

/*设置连接的服务器*/
client.connect(18001, '127.0.0.1', function(){
   console.log('connect the server');
});

   /*监听 data 事件*/
```

```
client.on('data', function(data) {
  console.log('the data of server is ' + data.toString());
});
```

运行【示例 6-8】的代码启动 TCP 服务器后，运行上面这段代码，可以发现命令行中已经输出了来自服务端的数据，说明此时已经实现了服务端和客户端之间的通信。

6.2.4 向 TCP 服务器发送数据

因为 TCP 客户端是一个 socket 对象，6.1 节中提到的 write()方法以及 localPort、localAdress 等属性依旧可用，所以可以使用以下代码来向 TCP 服务器发送数据。

【示例 6-12】

```
/*引入 net 模块*/
var net = require('net');

/*创建客户端*/
var client = net.Socket();

/*设置连接的服务器*/
client.connect(18001, '127.0.0.1', function(){
  console.log('connect the server');

  /*发送数据*/
  client.write('message from client');
});

  /*监听 data 事件*/
client.on('data', function(data) {
  console.log('the data of server is ' + data.toString());
});

  /*监听 end 事件*/
client.on('end', function(){
  console.log('data end');
});
```

运行【示例 6-8】的代码启动 TCP 服务器后，运行上面这段代码，可以发现服务器已经接收到客户端的数据，客户端也已经接收到服务端的数据，如图 6.9 和图 6.10 所示。

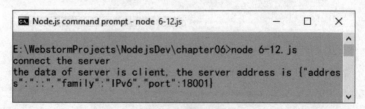

图 6.9 TCP 客户端

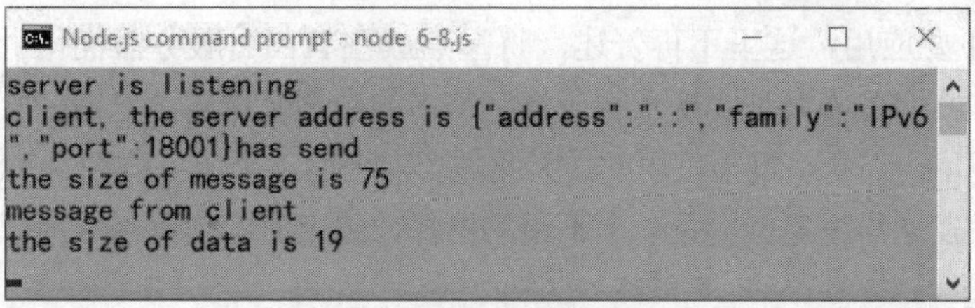

图 6.10　TCP 服务端

当然客户端和服务端也可以通过流的形式将文件中的数据发送出去,相关的知识可以在文件模块中进行学习。

6.3　构建 HTTP 服务器

在如今 Web 大行其道的时代,支撑无数网页运行的正是 HTTP 服务器。Node.js 之所以受到大量 Web 开发者的青睐,与 Node.js 有能力自己构建服务器是分不开的。

6.3.1　创建 HTTP 服务器

在本书的第 4 章中已经提到 HTTP 服务器。只需要使用以下代码就可以创建一个简单的 HTTP 服务器。

【示例 6-13】
```
/*引入 http 模块*/
var http = require('http');

/*创建 HTTP 服务器*/
var server = http.createServer(function(req, res) {
    /*设置响应的头部*/
    res.writeHead(200,{
        'content-type': 'text/plain'
    });

    /*设置响应的数据*/
    res.end('Hello, Node.js!');
});

    /*设置服务器端口*/
server.listen(3000, function() {
    console.log('listening port 3000');
});
```

通过这段代码可以在浏览器中看到创建的服务器发送给浏览器的数据。在第 4 章中已经说

103

明了 http 模块的主要应用，这里不再赘述，将重点放在 HTTP 服务器优化上。

上面这个 HTTP 服务器只是实现了将一行字符串的数据发送给浏览器。很明显，如果服务器只能发送一些字符串，那几乎是不可用的，因此需要对上面这个服务器的功能进行拓展。通过文件模块读取文件并发送给浏览器就是一个不错的选择，将上面的代码修改为以下代码。

【示例 6-14】

```
/*引入 http 模块*/
var http = require('http');

/*引入 fs 模块*/
var fs = require('fs');

/*创建 HTTP 服务器*/
var server = http.createServer(function(req, res) {

    /*设置响应的头部*/
    res.writeHead(200,{
        'content-type': 'text/html'
    });

    /*读取文件数据*/
    var data = fs.readFileSync('./index.html');

    /*响应数据*/
    res.write(data);
    res.end();
});

/*设置服务器端口*/
server.listen(3000, function() {
    console.log('listening port 3000');
});
```

同时在同级目录中创建一个名为 index.html 的文件，写入以下代码：

```
<!DOCTYPE html>
<html lang="en">
<head>
<meta charset="UTF-8">
<title>Node.js</title>
<style>
    h1{
        color:red;
    }
```

```
    </style>
</head>
<body>
<h1>Hello, Node.js</h1>
</body>
</html>
```

运行代码，利用浏览器访问 localhost:3000 这个地址，如图 6.11 所示。

图 6.11　HTTP 服务器发送的文件信息

需要提及的是，这里 HTTP 服务器在发送给浏览器的头部信息中将 content-type 修改为了 text/html。content-type 的作用就是用来表示客户端或者服务器传输数据的类型，服务器和客户端通过这个值来做相应的解析。如果将这个值修改为原来的 text/plain，浏览器中将显示 index.htm 文件中的所有代码，而这显然不是我们所希望的。

6.3.2　HTTP 服务器的路由控制

上一节中的服务器虽然已经可以通过读取文件数据来发送给客户端了，但是并没有做任何的路由控制，在浏览器中输入任何 URL 都将返回同样的内容。简单来说，路由就是 URL 到函数的映射。

要做到路由控制，通过前面的学习可以预想到，需要设定的必然有 content-type。这里假定只需要处理 html、js、css 和图片文件，创建一个名为 mime.js 的文件，写入以下代码：

```
module.exports = {
    ".html":"text/html",
    ".css":"text/css",
    ".js":"text/javascript",
    ".gif": "image/gif",
    ".ico": "image/x-icon",
    ".jpeg": "image/jpeg",
    ".jpg": "image/jpeg",
    ".png": "image/png"
};
```

需要做到路由控制，也就需要知道用户请求的 URL 地址，也就是 req.url，所以通过这个属性获取到 URL 后也就可以对路由进行控制了，如以下代码所示。

【示例 6-15】

```javascript
/*引入 http 模块*/
var http = require('http');

/*引入 fs 模块*/
var fs = require('fs');

/*引入 url 模块*/
var url = require('url');

/*引入 mime 文件*/
var mime = require('./mime');

/*引入 path 模块*/
var path = require('path');

/*创建 HTTP 服务器*/
var server = http.createServer(function(req, res) {
    var filePath = '.' + url.parse(req.url).pathname;
    if(filePath === './'){
        filePath = './index.html';
    }

    /*判断相应的文件是否存在*/
    fs.exists(filePath,function(exist){
    /*若存在则返回相应文件数据*/
        if(exist) {
            var data = fs.readFileSync(filePath);
            var contentType = mime[path.extname(filePath)];
            res.writeHead(200,{
                'content-type': contentType
            });
            res.write(data);
            res.end();
        }else{
    /*若不存在则返回 404 */
            res.end('404');
        }
    })
});
```

```
/*设置服务器端口*/
server.listen(3000, function() {
    console.log('listening port 3000');
});
```

这里通过 req.url 对路径处理判断来返回不同的资源，从而做到简单的路由控制。

6.4 利用 UDP 协议传输数据与发送消息

前文中所提到的 TCP 数据传输协议是一种可靠的数据传输方式，在数据传输之前必须建立客户端与服务端之间的连接。而 UDP 数据传输是一种面向非连接的协议，所以其传输速度比 TCP 更快。不过，也正因为 UDP 数据传输提高了传输的速度，所以可靠性不如 TCP 数据传输方式。

6.4.1　创建 UDP 服务器

为了使用 Node.js 创建 UDP 服务器，首先要使用 require('dgram')加载 dgram 模块。然后使用 dgram 模块中的 createSocket()方法创建一个 UDP 服务器。这个方法接收一个必需参数和一个可选参数，必需参数是一个表示 UDP 协议的类型，可指定为“udp4”或者“udp6”，具体如下：

```
/*引入 dgram 模块*/
var dgram = require('dgram');

/*创建 UDP 服务器*/
var socket = dgram.createSocket('udp4');
```

这个方法中的可选参数为一个回调函数，是 UDP 服务器接收数据时触发的回调函数，可以接收两个参数，一个为接收到的数据，另一个为存放发送者信息的对象，具体如下：

```
/*引入 dgram 模块*/
var dgram = require('dgram');

/*创建 UDP 服务器*/
var socket = dgram.createSocket('udp4', function (msg, rinfo) {
  // your code
});
```

rinfo 对象的属性及属性值如下：

- address: 表示发送者地址。
- family: 表示发送者使用的地址为“ipv4”或者“ipv6”。
- port: 表示发送者的端口号。

- size: 表示发送者发送数据的字节数。

创建完一个 socket 端口对象后还需要绑定一个端口号才能创建 UDP 服务器,可利用 socket.bind()方法绑定一个端口号。这个方法接收一个必需参数、两个可选参数。必需参数为需要绑定的端口号,两个可选参数为地址和回调函数,具体如下:

```
/*引入 dgram 模块*/
var dgram = require('dgram');

/*创建 UDP 服务器*/
var socket = dgram.createSocket('udp4', function (msg, rinfo) {
  // your code
});

    /*绑定端口*/
socket.bind(41234, 'localhost', function () {
  console.log('bind 41234');
});
```

这是一个简单的 UDP 服务器,与 net 和 http 方法类似,因为 createSocket 方法返回的是一个 socket 对象。一个 socket 对象主要有以下事件:

- message: 接收数据时触发。
- listening: 开始监听数据报文时触发。
- close: 关闭 socket 时触发。
- error: 发生错误时触发。

显然上文中使用 createSocket()方法中的回调函数就是监听 message 事件,因此使用 createSocket()方法时可以不指定回调函数,直接显式监听 message 事件同样可以达到相应的效果:

```
/*引入 dgram 模块*/
var dgram = require('dgram');

/*创建 UDP 服务器*/
var socket = dgram.createSocket('udp4');

/*绑定端口*/
socket.bind(41234, 'localhost', function () {
  console.log('bind 41234');
});

/*监听 message 事件*/
socket.on('message', function (msg, rinfo) {
  console.log(msg.toString());
});
```

将事件综合使用则代码如下。

```
/*引入 dgram 模块*/
var dgram = require('dgram');

/*创建 UDP 服务器*/
var socket = dgram.createSocket('udp4');

/*绑定端口*/
socket.bind(41234, 'localhost', function () {
  console.log('bind 41234');
});

/*监听 message 事件*/
socket.on('message', function (msg, rinfo) {
  console.log(msg.toString());
});

/*监听 listening 事件*/
socket.on('listening', function() {
  console.log('listening begin');
});

/*监听 close 事件*/
socket.on('close', function(){
  console.log('server closed');
});

/*监听 error 事件*/
socket.on('error', function (err) {
  console.log(err);
});
```

一个 socket 对象主要有以下方法：

- bind()：绑定端口号。
- send()：发送数据。
- address()：获取该 socket 端口对象相关的地址信息。
- close()：关闭 socket 对象。

bind()方法在上文中已经介绍过，send()方法用来发送数据，其完整的参数使用如下：

```
socket.send(buf, offset, length, port, address[,callback])
```

- buf 代表需要发送的消息，可以是缓存对象或者字符串。

- offset 是一个整数数字，代表消息在缓存中的偏移量。
- length 是一个整数数字，代表消息的比特数。
- port 代表发送数据的端口号。
- address 代表接收数据的 socket 端口对象的地址。
- callback 为数据发送完毕所需调用的回调函数。这个回调函数的第一个参数是 error 对象，第二个参数为数据发送的比特数。

因此使用这个方法看起来会像是这样的：

```
/*引入 dgram 模块*/
var dgram = require('dgram');

/*创建 buffer*/
var message = new Buffer.from('some message');

/*创建 UDP 服务器*/
var socket = dgram.createSocket('udp4', function (msg, rinfo) {
  console.log(msg.toString());

/*发送数据*/
  socket.send(message, 0, message.length, rinfo.port, rinfo.address, function (err,
bytes) {
    if(err) {
      console.log(error);
      return;
    }
    console.log("send " + bytes + ' message');
  })
});

/*绑定端口*/
socket.bind(41234, 'localhost', function () {
  console.log('bind 41234');
});
```

6.4.2 创建 UDP 客户端

因为 UDP 客户端本质上也是一个 socket 端口对象，所以同样可以通过创建一个 socket 对象来构建 UDP 客户端，这样得到的是一个 socket 对象，所以同样可以使用上述介绍的相关方法。如下代码就可以实现一个简单的 UDP 客户端。

```
/*引入 dgram 模块*/
var dgram = require('dgram');
```

```
/*创建 buffer*/
var message = new Buffer.from('some message from client');

/*创建 UDP 服务器*/
var socket = dgram.createSocket('udp4');

    /*发送数据*/
socket.send(message, 0, message.length, 41234, 'localhost', function (err, bytes)
{
  if(err) {
    console.log(err);
    return;
  }
  console.log('client send ' + bytes + 'message');
});

    /*监听 message 事件*/
socket.on('message', function (msg, rinfo) {
  console.log("some message form server");
});
```

因此通过创建一个 socket 对象作为客户端和一个 socket 对象作为服务端就可以实现 UDP 协议的通信。

【示例 6-16】

```
/*引入 dgram 模块*/
var dgram = require('dgram');
/*创建 buffer*/
 var message = new Buffer.from('some message from server');

/*创建 UDP 服务器*/
var socket = dgram.createSocket('udp4', function (msg, rinfo) {
  console.log(msg.toString());
    /*发送数据*/
  socket.send(message, 0, message.length, rinfo.port, rinfo.address, function (err,
bytes) {
    if(err) {
      console.log(error);
      return;
    }
    console.log("send " + bytes + ' message');
  })
});
```

```
/*绑定端口*/
socket.bind(41234, 'localhost', function () {
  console.log('bind 41234');
});
```

【示例 6-17】

```
/*引入 dgram 模块*/
var dgram = require('dgram');

/*创建 buffer*/
var message = new Buffer.from('some message from client');

/*创建 UDP 服务器*/
var socket = dgram.createSocket('udp4');

/*发送数据*/
socket.send(message, 0, message.length, 41234, 'localhost', function (err, bytes)
{
  if(err) {
    console.log(err);
    return;
  }
  console.log('client send ' + bytes + ' message');
});

/*监听 message 事件*/
socket.on('message', function (msg, rinfo) {
  console.log("some message form server");
});
```

运行【示例 6-16】和【示例 6-17】的代码，依次启动 UDP 服务器和 UDP 客户端，可以发现已经实现了 UDP 服务器和 UDP 客户端的通信，如图 6.12 和图 6.13 所示。

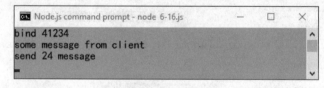

图 6.12　UDP 服务器

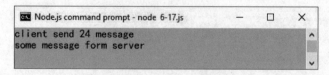

图 6.13　UDP 客户端

6.5 温故知新

学完本章，读者需要回答：

1. 如何通过 net 模块创建一个 TCP 服务器？
2. 如何创建一个 HTTP 服务器和 HTTP 客户端？
3. HTTP 路由控制的思想是什么？
4. UDP 中 socket 对象有哪些常用的方法？

第 7 章
◀Node.js数据库开发▶

数据库在互联网中的重要性不言而喻。数据库存放着大量的信息，是很多互联网公司的命脉。目前运用广泛的有关系型数据库和非关系型数据库。MySQL 数据库是关系型数据库的杰出代表，MongoDB 则是近几年大热的非关系型数据库。本章将主要介绍 Node.js 与这两种数据库的连接和交互操作。

通过本章的学习可以掌握以下内容：

● 连接 MySQL 数据库并进行操作。
● 连接 MongoDB 数据库并进行操作。
● 了解数据库基础知识。

7.1 使用 mongoose 连接 MongoDB

MongoDB 是一个基于分布式文件存储的数据库，由 C++语言编写，目的是让 Web 应用提供可拓展的高性能数据存储解决方案。

7.1.1 MongoDB 介绍

目前，MongoDB 是非关系型数据库中功能最丰富、最像关系型数据库的产品。MongoDB 是由 10gen 团队于 2007 年开发的，并于 2009 年 2 月首度推出的。MongoDB 支持的数据结构类似于 json 的 bson 格式。这种数据结构非常松散，可以很方便地存储比较复杂的数据类型。MongoDB 的主要特点是高性能、易存储、易使用、易部署。

MongoDB 的最小数据单位是文档（类似于关系型数据库中的行）。文档是由多个键及其对应的值组成的（类似于 json），一组文档共同组成了一个集合。集合类似于关系型数据库中的表，但是一个集合中的文档可以是各式各样的，一组集合就组成了一个数据库。MongoDB 可以承载多个数据库，这些数据库可以看作是相互独立的。

（1）MongoDB 的官方网站是 https://www.mongodb.com/。读者可以在 MongoDB 官方网站的下载页面 https://www.mongodb.com/download-center 选择相应的版本进行下载，如图 7.1 所示。

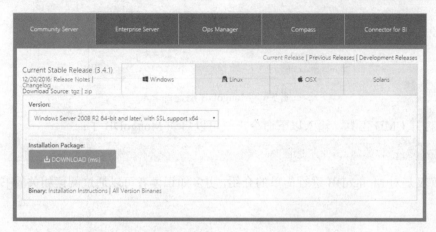

图 7.1　MongoDB 下载页面

（2）在这里以 Windows 版本为例，将下载下来的 MongoDB 软件按照常规软件的步骤安装即可。需要注意的是，在安装过程中，MongoDB 默认安装在 C 盘，可以在安装过程中选择安装的路径（因为 MongoDB 的操作需要用到这个路径，所以读者要选择一个合适的路径进行安装），如图 7.2 和图 7.3 所示。

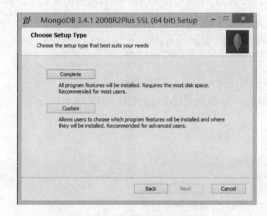

图 7.2　MongoDB 选择 Custom　　　　图 7.3　MongoDB 选择 Browse 自定义路径

（3）安装完成后，需要配置数据存储的文件夹和 MongoDB 的日志文件夹。在 MongoDB 安装的路径中新建一个名为 db 的文件夹作为数据库存储的文件夹，同时新建一个名为 mongolog 的文件夹作为日志文件存储的文件夹，在 db 文件夹的同级目录下新建一个名为 mongo.config 的文件作为配置文件，写入以下内容：

```
##数据文件
dbpath= ##你的数据存储文件夹地址
##日志文件
logpath= ##你的日志文件地址
```

此时，整个目录结构如图 7.4 所示。

图 7.4　MongoDB 配置目录

（4）打开 CMD 工具，输入以下命令，就可以启动 MongoDB 了：

```
mongod --dbpath 你的 db 文件夹地址
```

这里仅仅是对 MongoDB 进行简单的介绍，更多知识读者可以通过阅读相关的书籍进行学习与掌握。

7.1.2　使用 mongoose 连接 MongoDB

mongoose 是一个基于 node-mongodb-native 开发的 MongoDB 的 Node.js 驱动，可以很方便地在异步环境中使用。

mongoose 的 GitHub 地址是 https://github.com/Automattic/mongoose。mongoose 的官方网站是 http://mongoosejs.com/，读者可以在 mongoose 的官方网站中阅读相应的说明和官方文档。

使用 mongoose 模块前首先需要通过 NPM 安装这个模块：

```
npm install mongoose
```

mongoose 模块通过 connect()方法与 MongoDB 创建连接。connect()方法中需要传递一个 URI 地址，用来说明需要连接的 MongoDB 数据库。与本地的 MongoDB 数据库 article 建立连接的代码如下。

【示例 7-1】

```
/*引入 mongoose 模块*/
const mongoose = require('mongoose');

/*定义 mongodb 地址*/
const uri = 'mongodb://localhost/article';

/*连接 mongodb*/
mongoose.connect(uri, function(err) {
   if(err) {
      console.log('connect failed');
      console.log(err);
      return;
   }
   console.log('connect success');
});
```

【代码说明】

connect()方法创建 MongoDB 连接，回调函数中 err 为参数，若出现连接错误，则打印出"connect failed"；若连接成功，则打印出"connect success"。

运行这段代码，如果 MongoDB 服务已经正常开启，就会在控制台打印出"connect success"字样，如图 7.5 所示。

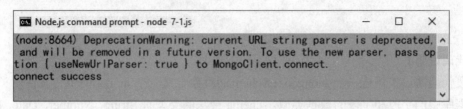

图 7.5　使用 connect()方法创建 MongoDB 连接

需要说明的是，connect()方法中 uri 参数的完整示例如下：

```
mongodb://user:pass@localhost:port/database
```

- user 代表 MongoDB 的用户名。
- pass 代表用户名对应的密码。
- port 代表 MongoDB 服务的端口号。

7.1.3　使用 mongoose 操作 MongoDB

mongoose 中的一切由 schema 开始。schema 是一种以文件形式存储的数据库模型骨架，并不具备数据库的操作能力。schema 中定义了 model 中的所有属性，而 model 则对应一个 MongoDB 中的 collection。以下代码定义了一个 schema 并且注册成了一个 model。

【示例 7-2】

```
/*引入 mongoose 模块*/
const mongoose = require('mongoose');

/*定义 mongodb 地址*/
const uri = 'mongodb://localhost/article';

/*连接 mongodb*/
mongoose.connect(uri, function(err) {
    if(err) {
        console.log('connect failed');
        console.lgo(err);
        return;
    }
    console.log('connect success');
});
```

```
/*定义 Schema*/
const ArticleSchema = new mongoose.Schema({
    title: String,
    author: String,
    content: String,
    publishTime: Date
});
mongoose.model('Article',ArticleSchema);
```

【代码说明】

这段代码通过实例化一个 mongoose.Schema()对象定义一个 model 的所有属性，类似于关系型数据库中的字段和字段的数据类型。schema 合法的类型有 String、Number、Date、Buffer、Boolean、Mixed、Objectid 和 Array。mongoose 中通过 mongoose.model()方法注册一个 model。

在 mongoose 中可以使用 save 方法将一个新的文档插入 collection 中。

【示例 7-3】

```
/*引入 mongoose 模块*/
const mongoose = require('mongoose');

/*定义 mongodb 地址*/
const uri = 'mongodb://localhost/article';

/*连接 mongodb*/
mongoose.connect(uri, function(err) {
    if(err) {
        console.log('connect failed');
        console.lgo(err);
        return;
    }
    console.log('connect success');
});

/*定义 Schema*/
const ArticleSchema = new mongoose.Schema({
    title: String,
    author: String,
    content: String,
    publishTime: Date
});
mongoose.model('Article',ArticleSchema);

const Article = mongoose.model('Article');
var art = new Article({
```

```
    title: 'node.js',
    author: 'node',
    content: 'node.js is great!',
    publishTime: new Date()
});

    /*将文档插入集合中*/
art.save(function(err) {
    if(err) {
        console.log('save filed');
        console.log(err);
    }else{
        console.log('save successed');
    }
});
```

【代码说明】

这段代码调用名为 Article 的 model，之后定义了一个 Article 的文档，最后使用 save 将记录插入相应的 collection 中。save()方法中的回调函数监听是否出错。

运行这段代码，在 MongoDB 运行正常的情况下，控制台将输出"save successed"字样。

可以在控制台对 MongoDB 进行操作来查看 MongoDB 中是否存在这样一条记录，连接完 MongoDB 后打开控制台，输入以下命令切换至 article 数据库：

```
use article
```

切换成 article 数据库后可以使用以下命令查看 article 数据库存在的所有 collection：

```
show collections
```

这时，可以看到控制台中存在一个名为 articles 的 collection，如图 7.6 所示。

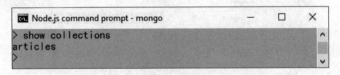

图 7.6　查看数据库中的 collection

通过以下命令查看这个名为 articles 的 collection 中的所有文档：

```
db.articles.find()
```

如果刚才的文档插入成功，控制台就会显示这个文档，如图 7.7 所示。

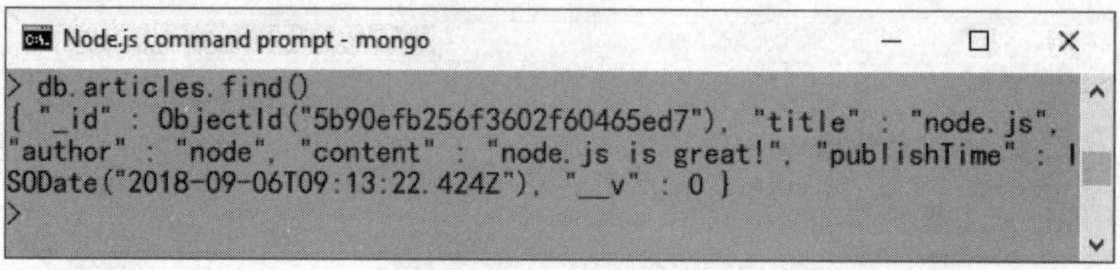

图 7.7　文档插入成功

名为 articles 的 collection 中出现了插入的文档，说明 MongoDB 中的确保存了刚刚插入的这条记录。

当然，使用 mongoose 同样可以查询相应的数据。如下代码的功能就是将 articles 这个 collection 中的所有文档查询出来。

【示例 7-4】

```
/*引入 mongoose 模块*/
const mongoose = require('mongoose');

/*定义 mongodb 地址*/
const uri = 'mongodb://localhost/article';

/*连接 mongodb*/
mongoose.connect(uri, function(err) {
    if(err) {
        console.log('connect failed');
        console.lgo(err);
        return;
    }
    console.log('connect success');
});

/*定义 Schema*/
const ArticleSchema = new mongoose.Schema({
    title: String,
    author: String,
    content: String,
    publishTime: Date
});
mongoose.model('Article',ArticleSchema);

const Article = mongoose.model('Article');

/*查询 mongodb*/
Article.find({},function(err, docs) {
    if(err) {
```

```
        console.log('error');
        return;
    }
    console.log("result: " + docs);
});
```

【代码说明】

这段代码通过 find()方法查找相应的数据记录。find()方法中的第一个参数是一个 json 对象，定义查找的条件，第二个参数为回调函数。回调函数中的第一个参数是 error，第二个参数是查询的结果。

运行这段代码，可以发现控制台输出了相应的数据记录，如图 7.8 所示。

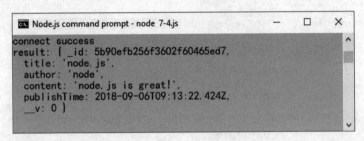

图 7.8　mongoose 查询记录

在 find()方法的第一个参数中可以传入筛选条件，以便更加精确地查找需要查找的数据。现将 find()方法的代码修改如下。

【示例 7-5】

```
Article.find({title:'node.js'},function(err, docs) {
    if(err) {
        console.log('error');
        return;
    }
    console.log("result: " + docs);
});
```

运行这段代码同样可以查询出记录。

与 find 方法类似的还有 findOne()方法，find()方法是查询完所有符合要求的数据后返回，而 findOne()方法则是查询一条数据，返回的是查询得到的第一条数据。

在 mongoose 中可以直接在查询记录后修改记录的值，修改后直接调用保存即可。如下代码查询数据后直接修改数据的 title 值为 javascript：

【示例 7-6】

```
/*引入 mongoose 模块*/
const mongoose = require('mongoose');

/*定义 mongodb 地址*/
```

```
const uri = 'mongodb://localhost/article';

    /*连接 mongodb*/
mongoose.connect(uri, function(err) {
    if(err) {
        console.lgo(err);
    }
});

    /*定义 Schema*/
const ArticleSchema = new mongoose.Schema({
    title: String,
    author: String,
    content: String,
    publishTime: Date
});
mongoose.model('Article',ArticleSchema);

const Article = mongoose.model('Article');

/*查询 mongodb*/
Article.find({title:'node.js'},function(err, docs) {
    if(err) {
        console.log('error');
        return;
    }
    /*修改数据*/
    docs[0].title = 'javascript';
/*保存修改后的数据*/
    docs[0].save();
    console.log("result: " + docs);
});
```

同样，在命令行中查询记录 MongoDB，可以发现原来这个文档中的 title 值已经被修改，如图 7.9 所示。

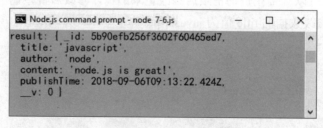

图 7.9　mongoose 修改数据

　　类似于修改数据，删除 MongoDB 的文档也可以在查询出文档后直接调用 remove 方法。如下代码可以删除 articles 集合中的所有文档。

【示例 7-7】

```
/*引入 mongoose 模块*/
const mongoose = require('mongoose');

/*定义 mongodb 地址*/
const uri = 'mongodb://localhost/article';

    /*连接 mongodb*/
mongoose.connect(uri, function(err) {
    if(err) {
        console.lgo(err);
    }
});

    /*定义 Schema*/
const ArticleSchema = new mongoose.Schema({
    title: String,
    author: String,
    content: String,
    publishTime: Date
});
mongoose.model('Article',ArticleSchema);

const Article = mongoose.model('Article');

    /*查询 mongodb*/
Article.find({},function(err, docs) {
    if(err) {
        console.log('error');
        return;
    }
    if(docs) {
      /*删除数据*/
        docs.forEach(function(ele) {
            ele.remove();
        })
    }
});
```

　　只有单个文档可以使用 remove()方法，因为 find()方法返回的是一个符合查询条件的所有文档组成的数组，所以这里调用数组的 forEach()方法逐个删除所有的文档。同样，在命令行中查询记录 MongoDB，可以发现原来 articles 这个集合的所有文档已经为空了。

　　以上知识实现了使用 mongoose 对 MongoDB 数据库进行简单的增删查改。更多关于 mongoose 的使用，读者可以通过阅读 mongoose 的官方文档进行学习与掌握。

7.2 直接连接 MongoDB

7.1 节提到 mongoose 模块是基于 node-mongodb-native 开发的 MongoDB 的 Node.js 驱动，同样使用 node-mongodb-native 这个原生 MongoDB 驱动也可以对 MongoDB 进行相应的操作。node-mongodb-native 模块的 GitHub 地址是 https://github.com/mongodb/node-mongodb-native，官方网站为 http://mongodb.github.io/node-mongodb-native/，读者可以在官方网站查看相应的说明和文档进行学习。

7.2.1 使用 node-mongodb-native 连接 MongoDB

使用 node-mongodb-native 模块前需要通过 NPM 安装这个模块：

```
npm install mongodb
```

node-mongodb-native 通过 connect()方法传递一个 URI 地址，用来说明需要连接的 MongoDB 数据库。如下代码即和本地的 MongoDB 数据库 student 建立了连接。

【示例 7-8】

```
/*引入模块*/
var MongoClient = require('mongodb').MongoClient;

/*定义 mongodb 地址*/
var url = 'mongodb://localhost:27017/student';

/*连接 mongodb*/
MongoClient.connect(url, function(err, db) {
    if(err) {
        console.log('connect failed');
        console.log(err);
        return;
    }
    console.log('connect success!');
})
```

【代码说明】

因为 mongoose 是基于 node-mongodb-native 开发的，所以两者的 API 有相似的地方。运行以上这段代码，如果 MongoDB 运行正常，将会打印出"connect success"字样。

7.2.2 使用 node-mongodb-native 操作 MongoDB

使用 node-mongodb-native 驱动需要注意的是，每次操作完 MongoDB 都应该调用 close 方法来关闭 MongoDB，否则会影响其他代码对 MongoDB 的操作。利用 insertOne 方法可以插入一条数据，如前面提到的一样，node-mongodb-native 插入的数据依旧是 json 格式，具体代码如下：

【示例 7-9】

```
/*引入模块*/
var MongoClient = require('mongodb').MongoClient;

/*定义 mongodb 地址*/
var url = 'mongodb://localhost:27017/student';

/*定义数据*/
var studentInfo = {
    id: '1101',
    name: 'king',
    age: 18
};

/*连接 mongodb*/
MongoClient.connect(url, function (err, db) {
    if (err) {
        console.log('connect failed');
        console.log(err);
        return;
    }
    console.log('connect success!');

    var dbo = db.db("student");
    dbo.createCollection('studentCol', function (err, res) {
        if (err) throw err;
        console.log("创建集合!");
        dbo.collection("studentCol").insertOne(studentInfo, function(err, res) {
            if (err) throw err;
            console.log("文档插入成功");
            db.close();
        });
        db.close();
    });
});
```

【代码说明】

这段代码将一个名为 jack 的学生数据插入 student 数据库下的 student 集合中,整个过程是打开数据库→打开集合→插入数据→关闭数据库。这里需要说明的是,无论数据是否插入成功,在打开 MongoDB 之后都应该关闭,否则将影响其他代码对 MongoDB 数据库的操作。

运行这段代码,通过命令行工具可以查询出 student 数据库中的 student 集合已经存在这样一条记录,如图 7.10 所示。

```
Node.js command prompt - mongo                    —    □    ×
{ "_id" : ObjectId("5b90fc3748d27c2c0c43b5fc"), "id" : "1101",
"name" : "king", "age" : 18 }
>
```

图 7.10　通过命令查看数据

利用 node-mongodb-native 提供的 findOne 方法也可以将该数据查询出来，代码如下。

【示例 7-10】

```
/*引入模块*/
var MongoClient = require('mongodb').MongoClient;

/*定义 mongodb 地址*/
var url = 'mongodb://localhost:27017/student';

/*连接 mongodb*/
MongoClient.connect(url, function (err, db) {
    if (err) {
        console.log('connect failed');
        console.log(err);
        return;
    }
    console.log('connect success!');

    var dbo = db.db("student");
    dbo.collection("studentCol").findOne({}, function (err, result) {
// 返回集合中所有数据
        if (err) throw err;
        console.log(result);
        db.close();
    });
});
```

【代码说明】

整个过程是按照打开数据库→打开集合→查询数据→关闭数据库这个流程严格执行的。整段代码依旧严格遵循打开 MongoDB 数据库后必须关闭的原则。

运行这段代码，在 MongoDB 数据库正常运行的情况下，将会打印出这条数据，如图 7.11 所示。

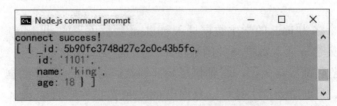

```
Node.js command prompt                            —    □    ×
connect success!
[ { _id: 5b90fc3748d27c2c0c43b5fc,
    id: '1101',
    name: 'king',
    age: 18 } ]
```

图 7.11　利用 find()方法查询数据

126

　　node-mongodb-native 模块支持一次插入多条数据和查询多条数据，只需要使用 insertMany()
和 find() 方法即可。其中，在 insertMany 中插入多条数据时，只要将这些数据组成一个数组传
递给 insertMany 方法即可。如下代码就一次性插入了 3 条文档记录。

【示例 7-11】

```
/*引入模块*/
var MongoClient = require('mongodb').MongoClient;

/*定义 mongodb 地址*/
var url = 'mongodb://localhost:27017/student';

/*定义数据*/
var studentInfoArr = [
    {
        id: '1101',
        name: 'king',
        age: 18
    },
    {
        id: '1102',
        name: 'tina',
        age: 36
    },
    {
        id: '1103',
        name: 'xixi',
        age: 8
    }
];

/*连接 mongodb*/
MongoClient.connect(url, function (err, db) {
    if (err) {
        console.log('connect failed');
        console.log(err);
        return;
    }
    console.log('connect success!');

    var dbo = db.db("student");
    dbo.collection("studentCol").insertMany(studentInfoArr, function(err, res) {
        if (err) throw err;
        console.log("插入多条文档成功, 共计: " + res.insertedCount + " 项.");
        db.close();
    });
});
```

【代码说明】

运行这段代码，在 MongoDB 正常运行的情况下，可以发现控制台打印出"插入多条文档成功，共计: 3 项."的字样，如图 7.12 所示。

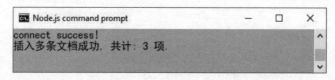

图 7.12 利用 insertMany()方法插入多条数据

利用 find()方法可以验证 MongoDB 是否真的存在刚刚插入的数据。使用 find 方法之后需要使用 toArray()方法将这些数据转化为一个数组。以下代码可以查询出 student 数据库下 student 集合中所有的数据记录。

【示例 7-12】

```
/*引入模块*/
var MongoClient = require('mongodb').MongoClient;

/*定义 mongodb 地址*/
var url = 'mongodb://localhost:27017/student';

/*连接 mongodb*/
MongoClient.connect(url, function (err, db) {
    if (err) {
        console.log('connect failed');
        console.log(err);
        return;
    }
    console.log('connect success!');

    var dbo = db.db("student");
    dbo.collection("studentCol").find({}).toArray(function (err, result) { // 返
回集合中所有数据
        if (err) throw err;
        console.log(result);
        db.close();
    });
});
```

【代码说明】

运行这段代码，在 MongoDB 正常运行的情况下，可以发现所有的数据都已经组织成一个数组，刚刚的数据也在这个数组内，说明上面的插入操作和查询操作都是成功的，如图 7.13 所示。

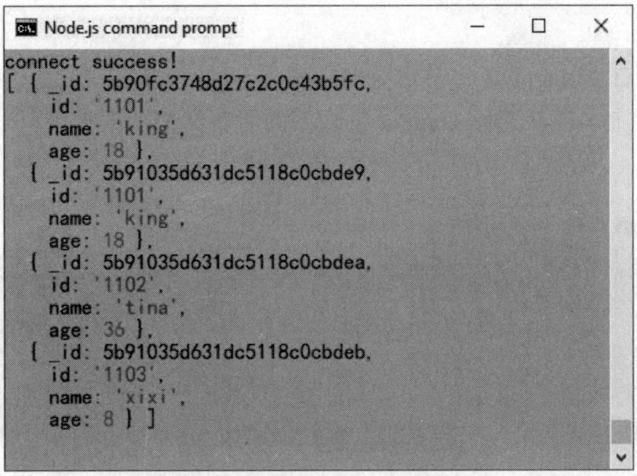

图 7.13　利用 find()方法查询数据

　　使用 node-mongodb-native 模块提供的 deleteOne()方法可以对数据进行删除，与 findOne()
方法类似。delete()方法的第一个参数是查询条件，第二个参数是一个处理错误和结果的回调
函数。如下代码可以删除最初插入的第 1 条数据记录。

【示例 7-13】

```
/*引入模块*/
var MongoClient = require('mongodb').MongoClient;

/*定义 mongodb 地址*/
var url = 'mongodb://localhost:27017/student';

/*连接 mongodb*/
MongoClient.connect(url, function (err, db) {
    if (err) {
        console.log('connect failed');
        console.log(err);
        return;
    }
    console.log('connect success!');

    var dbo = db.db("student");
    var delOpt = {"id": '1101'};  // 查询条件
    dbo.collection("studentCol").deleteOne(delOpt, function (err, obj) {
        if (err) throw err;
        console.log("文档删除成功");
        db.close();
    });
});
```

【代码说明】

运行这段代码，在 MongoDB 正常运行的情况下，可以发现控制台打印出了"文档删除成功"的字样。利用控制台工具查询 student 集合下的所有文档，同样可以发现第 1 条数据记录已经被删除，如图 7.14 所示。

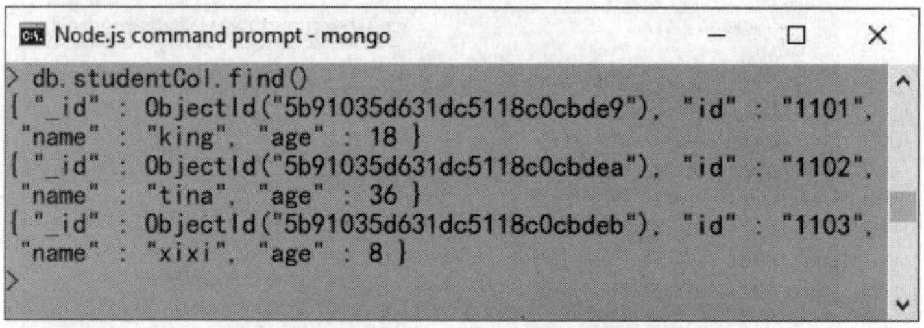

```
Node.js command prompt - mongo                        —    □    ×
> db.studentCol.find()
{ "_id" : ObjectId("5b91035d631dc5118c0cbde9"), "id" : "1101",
 "name" : "king", "age" : 18 }
{ "_id" : ObjectId("5b91035d631dc5118c0cbdea"), "id" : "1102",
 "name" : "tina", "age" : 36 }
{ "_id" : ObjectId("5b91035d631dc5118c0cbdeb"), "id" : "1103",
 "name" : "xixi", "age" : 8 }
>
```

图 7.14　利用 deleteOne()方法删除数据

node-mongodb-native 模块的 updateOne()方法可以更改数据，与查询方法类似。updateOne()方法的第一个参数是查询条件，第二个参数是更改后的数据，第三个参数是一个处理错误和结果的回调函数。如下代码就可以将"id: 1103"这条数据的名字改为"cici"。

【示例 7-14】

```
/*引入模块*/
var MongoClient = require('mongodb').MongoClient;

/*定义mongodb地址*/
var url = 'mongodb://localhost:27017/student';

/*连接mongodb*/
MongoClient.connect(url, function (err, db) {
   if (err) {
      console.log('connect failed');
      console.log(err);
      return;
   }
   console.log('connect success!');

   var dbo = db.db("student");
   var updateOpt = {"id": '1103'};  // 查询条件
   var updateDetail = {$set: { "name" : "cici" }};
   dbo.collection("studentCol").updateOne(updateOpt, updateDetail, function (err,
res) {
      if (err) throw err;
      console.log("文档更新成功");
      db.close();
   });
});
```

【代码说明】

运行这段代码，在 MongoDB 正常运行的情况下，可以发现控制台打印出了"文档更新成功"的字样。利用控制台工具查询 student 集合下的所有文档，同样可以发现"xixi"这条数据的名字已经被改为"cici"，如图 7.15 所示。

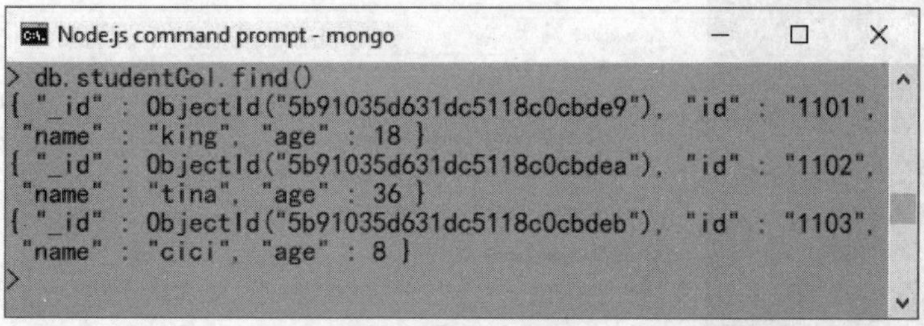

图 7.15　利用 updateOne()方法更新数据

前面已经实现了使用 node-mongodb-native 对 MongoDB 数据库进行简单的增删查改。更多关于 node-mongodb-native 的使用，读者可以通过阅读 node-mongodb-native 的官方文档进行学习与掌握。

这里需要提出的是，使用 mongoose 会相对简单一点，毕竟 mongoose 是基于 node-mongodb-native 开发的。如果读者对其感兴趣，可以学习一下 node-mongodb-native，对 mongoose 的使用是有很大帮助的。另外，读者应该掌握 MongoDB 基本的增删查改操作，以便在学习过程中验证数据的操作是否成功。

7.3　连接 MySQL

MySQL 作为一种典型的关系型数据库，在互联网中被大量使用。本节将使用 mysql 模块进行 MySQL 数据库的连接。

7.3.1　MySQL 介绍

MySQL 数据库由瑞典 MySQL AB 公司开发，目前属于 Oracle 公司。MySQL 采用双授权模式，分为商业版和社区版。MySQL 数据库凭借其体积小、速度快、总成本低等特点被广泛应用在 Web 开发中。经典的开源软件架构 LAMP 中的 M 便是指 MySQL。

MySQL 的官方网站是 http://www.mysql.com/。读者可以在社区版下载网址 https://dev.mysql.com/downloads/mysql/中选择相应系统的版本。这里以 Windows 版本为例，安装过程大致如下：

（1）将下载的 MySQL 软件按照常规软件的安装步骤安装即可。需要提醒的是，在安装过程中，可以设置 MySQL 服务的端口，默认为 3306，如图 7.16 所示。

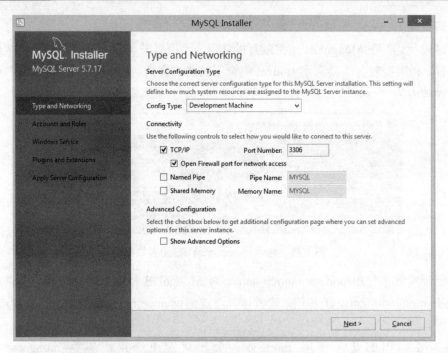

图 7.16 设置 MySQL 端口

（2）在安装过程中可以设置 root 用户的密码、添加用户，如图 7.17 所示。

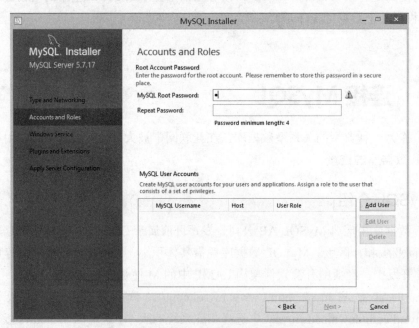

图 7.17 添加 MySQL 用户并设置密码

（3）安装完成后，可以在控制台使用以下命令来启动 MySQL：

```
net start mysql5.7
```

提示 在这里 mysql5.7 是已经安装的带有版本号的 MySQL 软件名。

同样，也可以在 Windows 服务中找到 MySQL 服务，然后进行启动、停止操作，如图 7.18 所示。

服务(本地)
选择一个项目来查看它的描述。
名称 | 描述 | 状态 | 启动类型 | 登录为
Microsoft (R) 诊断中心标... | 诊断... | | 手动 | 本地系统
Microsoft Account Sign-i... | 支持... | | 手动(触发... | 本地系统
Microsoft iSCSI Initiator ... | 管理... | | 手动 | 本地系统
Microsoft Office ClickTo... | 管理 ... | 正在... | 自动 | 本地系统
Microsoft Passport | 为用... | | 手动(触发... | 本地系统
Microsoft Passport Cont... | 管理... | | 手动(触发... | 本地服务
Microsoft Software Shad... | 管理... | | 手动 | 本地系统
Microsoft Storage Space... | Micr... | | 手动 | 网络服务
Microsoft Windows SMS ... | 根据... | | 手动(触发... | 本地系统
Mozilla Maintenance Ser... | Moz... | | 手动 | 本地系统
MySQL57 | | 正在... | 自动 | 网络服务
Net.Tcp Port Sharing Ser... | 提供... | | 禁用 | 本地服务
Netlogon | 为用... | | 手动 | 本地系统
Network Connected Devi... | 网络... | | 手动(触发... | 本地服务
Network Connection Bro... | 允许 ... | 正在... | 手动(触发... | 本地系统
Network Connections | 管理... | 正在... | 手动 | 本地系统
Network Connectivity Ass... | 提供 ... | | 手动(触发... | 本地系统
Network List Service | 识别... | 正在... | 手动 | 本地服务
Network Location Aware... | 收集... | 正在... | 自动 | 网络服务

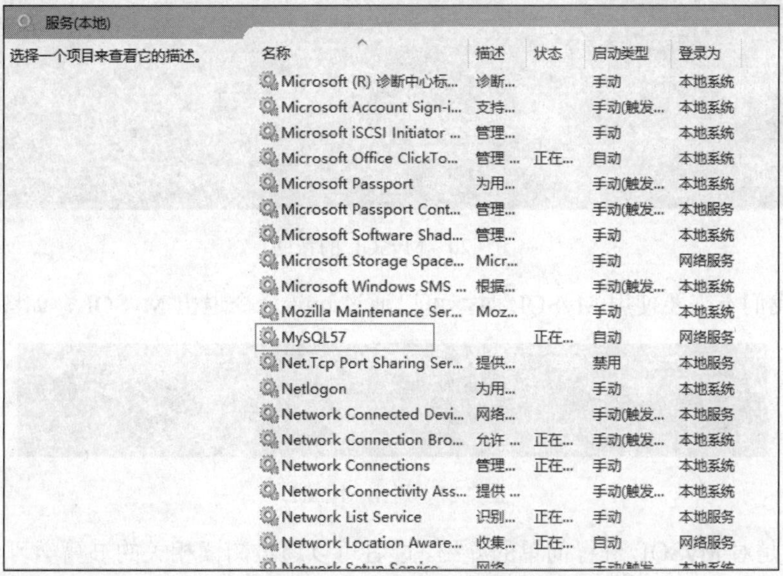

图 7.18　从 Windows 服务中启动 MySQL

（4）启动 MySQL 后，通过以下命令可以进入 MySQL：

```
mysql -u root -p
```

提示 root 是用户名，MySQL 自带 root 用户，读者可用自己的用户名进入。

（5）输入命令后，紧接着要求输入密码。输入用户的密码后，可以看到如图 7.19 所示的界面，表示成功进入了 MySQL。

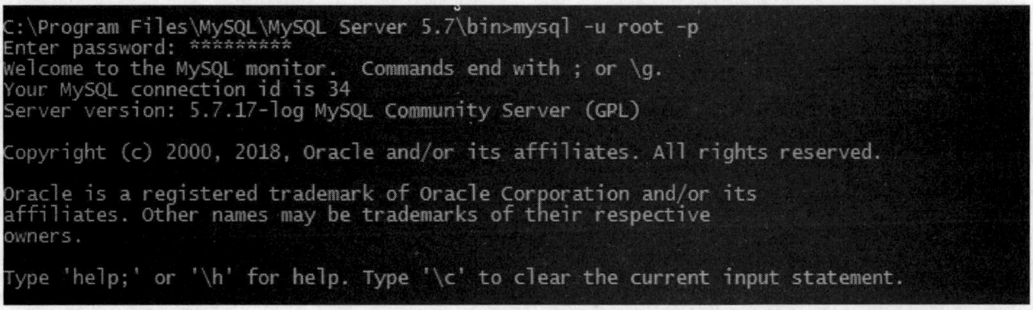

C:\Program Files\MySQL\MySQL Server 5.7\bin>mysql -u root -p
Enter password: *********
Welcome to the MySQL monitor. Commands end with ; or \g.
Your MySQL connection id is 34
Server version: 5.7.17-log MySQL Community Server (GPL)
Copyright (c) 2000, 2018, Oracle and/or its affiliates. All rights reserved.
Oracle is a registered trademark of Oracle Corporation and/or its
affiliates. Other names may be trademarks of their respective
owners.
Type 'help;' or '\h' for help. Type '\c' to clear the current input statement.

图 7.19　进入 MySQL

（6）进入 MySQL 后，可以通过输入“help”或者“\h”查看 MySQL 命令的帮助，如图

7.20 所示。

```
List of all MySQL commands:
Note that all text commands must be first on line and end with ';'
?         (\?) Synonym for `help'.
clear     (\c) Clear the current input statement.
connect   (\r) Reconnect to the server. Optional arguments are db and host.
delimiter (\d) Set statement delimiter.
ego       (\G) Send command to mysql server, display result vertically.
exit      (\q) Exit mysql. Same as quit.
go        (\g) Send command to mysql server.
help      (\h) Display this help.
notee     (\t) Don't write into outfile.
print     (\p) Print current command.
prompt    (\R) Change your mysql prompt.
quit      (\q) Quit mysql.
rehash    (\#) Rebuild completion hash.
source    (\.) Execute an SQL script file. Takes a file name as an argument.
status    (\s) Get status information from the server.
tee       (\T) Set outfile [to_outfile]. Append everything into given outfile.
use       (\u) Use another database. Takes database name as argument.
charset   (\C) Switch to another charset. Might be needed for processing binlog with multi-byte charsets.
warnings  (\W) Show warnings after every statement.
nowarning (\w) Don't show warnings after every statement.
resetconnection(\x) Clean session context.
```

图 7.20　MySQL 的帮助

（7）当我们不需要使用 MySQL 时，可以通过 quit 命令退出 MySQL，如图 7.21 所示。

```
mysql> quit
Bye
```

图 7.21　退出 MySQL

这里仅仅是对 MySQL 进行简单的介绍，读者可以通过阅读相关的书籍学习与掌握更多知识。

7.3.2　Node.js 连接 MySQL

Node.js 连接 MySQL 使用的是 mysql 模块。mysql 模块的 GitHub 地址是 https://github.com/mysqljs/mysql，从中可以阅读官方文档。使用这个模块前需要通过 NPM 来安装：

```
npm install mysql
```

mysql 模块通过 createConnection()方法创建 MySQL 连接。如下代码即和本地的 MySQL 数据库建立了连接。

【示例 7-15】

```
/*引入 mysql 模块*/
const mysql = require('mysql');

/*创建连接*/
const connection = mysql.createConnection({
   host: 'localhost',
   user: 'root',
   password : 'secret'
});
```

```
/*连接 mysql*/
connection.connect(function(err) {
/*连接出错的处理*/
   if (err) {
      console.error('error connecting: ' + err.stack);
      return;
   }
   console.log('connected as id ' + connection.threadId);
});
```

【代码说明】

CreateConnection()方法用于创建连接，connection.connect()方法用于判断连接是否成功。CreateConnection()方法接收一个 json 对象参数。json 对象主要使用的字段有：

● host: 需要连接数据库地址，默认为 localhost。
● port: 连接地址默认的端口，默认为 3306。
● user: 连接 MySQL 时使用的用户名。
● password: 用户名对应的密码。
● database: 所需要连接的数据库的名称。

通过 end()方法可以正常终止一个连接：

```
connection.end(function(err) {
  console.log(err);
})
```

当然，使用 destory()方法也可以终止连接。该方法会立即终止底层套接字，不会触发更多的事件和回调函数。

```
connection.destory()
```

7.3.3　Node.js 操作 MySQL

连接 MySQL 成功后，就需要通过 Node.js 来操作数据库了。mysql 模块提供了一个名为 query()的方法，可以用来执行 SQL 语句，从而对 MySQL 数据库进行相应的操作。

假设我们连接的数据库有一个名为 data 的数据表，可以使用以下代码将这个 data 数据表的所有记录查询出来。

【示例 7-16】

```
/*引入 mysql 模块*/
const mysql = require('mysql');

/*创建连接*/
const connection = mysql.createConnection({
   host: 'localhost',
```

```
    user: 'root',
    password : 'secret',
    database : 'database'
});


    /*连接 mysql*/
connection.connect(function(err) {
    /*连接出错的处理*/
    if (err) {
        console.error('error connecting: ' + err.stack);
        return;
    }
    console.log('connected as id ' + connection.threadId);
});


    /*查询数据*/
connection.query('SELECT * FROM data', function(err, rows) {
    if(err) {
        console.log(err);
    } else {
        console.log(rows);
    }
});
```

运行这段代码可以看到所有的记录都被打印出来了。

上述代码中 connection.query()方法的第一个参数是一条 SQL 语句，第二个参数是一个回调函数。回调函数中的第一个参数是 err，第二个参数是执行 SQL 语句后返回的记录。

connection.query()方法还有一个 paramInfo 参数可选。当 SQL 语句中含有一些变量的时候，可以将 "?" 作为占位符放置在 SQL 语句中，通过 paramInfo 参数传递给 SQL 语句。

【示例 7-17】

```
/*引入 mysql 模块*/
const mysql = require('mysql');

/*创建连接*/
const connection = mysql.createConnection({
    host: 'localhost',
    user: 'root',
    password : 'secret',
    database : 'database'
});

/*连接 mysql*/
```

```
connection.connect(function(err) {
/*连接出错的处理*/
   if (err) {
      console.error('error connecting: ' + err.stack);
      return;
   }
   console.log('connected as id ' + connection.threadId);
});
const table = 'mytable';

/*查询数据*/
connection.query('SELECT * FROM ?',[table], function(err, rows) {
   if(err) {
      console.log(err);
   } else {
      console.log(rows);
   }
});
```

运行这段代码，同样可以从 mytable 数据表中取出所有的数据记录。

mysql 模块还提供了一个 escape()方法，用来防止 SQL 注入攻击。SQL 注入攻击的本质是黑客在提交给服务器的数据中带有 SQL 语句，试图欺骗服务器，让服务器运行自己的恶意 SQL 语句，因此使用 escape 方法处理用户提交的数据可以防止 SQL 注入攻击。

假设 userid 为用户提供的数据，可以先通过 connection.escape()方法处理一遍，之后再执行相关的 SQL 语句。

【示例 7-18】

```
/*引入 mysql 模块*/
const mysql = require('mysql');

/*创建连接*/
const connection = mysql.createConnection({
   host: 'localhost',
   user: 'root',
   password : 'secret',
   database : 'database'
});

/*连接 mysql*/
connection.connect(function(err) {
/*连接出错的处理*/
   if (err) {
      console.error('error connecting: ' + err.stack);
      return;
```

```
    }
    console.log('connected as id ' + connection.threadId);
});

/*定义 SQL 语句*/
let sql = 'SELECT * FROM users WHERE userid=' + connection.escape(userid);

/*执行 SQL 语句*/
connection.query(sql, function(err, rows) {
    if(err) {
        console.log(err);
    } else {
        console.log(rows);
    }
});
```

7.4 实战——学生成绩录入系统

本节将利用本章前面介绍的知识实现一个简单的实例：创建一个简单的学生成绩录入系统，利用 MySQL 数据库对学生成绩进行保存，同时利用 Node.js 的 mysql 模块对这个数据库进行读取。前台主要分为两个页面，一个页面用于对学生成绩进行录入，另一个页面用来展示所有学生的成绩。为了提高开发速度，整个系统采用 express 这个成熟的 Node.js 框架。

7.4.1 生成基本的项目结构

使用 express 和 express 生成器之前需要通过 NPM 安装：

```
npm install express express-generator -g
```

安装成功后，利用 express 的生成器自动生成基本的项目结构。因为这里选择使用 ejs 模板引擎，所以需要加-e 参数：

```
express -e student
```

这时在使用命令的目录中会自动生成一个名为 student 的文件夹。文件夹的目录结构如图 7.22 所示。

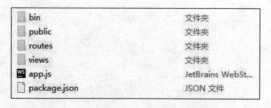

图 7.22　express 生成器生成的目录结构

在这个目录的 package.json 中已经声明了相关的模块，执行安装即可：

```
npm install
```

为了使用 mysql 模块，同样需要通过 NPM 安装这个模块：

```
npm install mysql --save
```

整个项目使用的是 ejs 模板，同样需要通过 NPM 安装这个模板：

```
npm install ejs
```

7.4.2　数据库设计

作为一个简单的成绩录入系统，数据库中存在的仅仅是学生成绩，很容易想到这里要使用字段学号、学生姓名，假设成绩只有三个科目（语文、英语和数学）。当然，这些字段都不能为空。这样可以很容易地完成数据库的设计，如图 7.23 所示。

学生成绩表						
Chinese	Field	Type	Null	Key	Default	Extra
学号	ID	int	NO	PRI	NULL	auto_increment
姓名	name	varchar	NO	UNI	NULL	
语文	chinese	int	NO			
英语	english	int	NO			
数学	math	int	NO			

图 7.23　学生成绩表结构

得到表结构后就需要在 MySQL 中创建响应的数据库与数据表了。通过命令行输入下面的代码，就可以创建相应的数据库和数据表了。

```
CREATE DATABASE student;

USE student;

CREATE TABLE student(
ID INT KEY AUTO_INCREMENT,
name VARCHAR(20) NOT NULL UNIQUE,
chinese INT NOT NULL,
english INT NOT NULL,
math INT NOT NULL
);
```

至此，学生成绩的数据库和数据表已经建立。

7.4.3　成绩录入路由开发

这里将 router 文件夹下的 index 文件作为成绩录入的路由。这个路由的功能有两个：一个是显示成绩录入的页面，另一个是通过这个路由来保存相应的学生成绩数据。很明显，这里可以根据 HTTP 方法来实现，前者是 GET 方法，后者是 POST 方法。GET 方法仅仅是获取一个页面。

　　既然需要使用数据库，首先要与数据库创建相应的连接。在项目目录中新建一个名为 db.js 的文件，根据本章前面所讲的相关知识建立 MySQL 数据库连接：

```
const mysql=require("mysql");

const DB={
    host:"localhost",
    port:3306,
    user:"root",
    password:"xie138108",
    database:"student"
}

const DBConnection=mysql.createConnection({
    host:DB.host,
    user:DB.user,
    port:DB.port,
    password:DB.password,
    database:DB.database,
    multipleStatements:true
});
DBConnection.connect();

module.exports.DBConnection=DBConnection;
```

　　通过模块的导出将使得这个数据库模块更加通用。

　　成绩录入的模块 GET 方法依旧使用 express 自定义的模板 index，并将 router 文件夹下的 index.js 文件改为以下代码：

```
var express = require('express');
var db = require('./../db.js');
var router = express.Router();

router.get('/', function(req, res, next) {
  res.render('index');
});

module.exports = router;
```

　　POST 方法的功能是将前端界面用户输入的数据获取下来，然后通过 SQL 语句将这些数据存进数据库中。前端传送的数据是存在 req.body 对象中的，可以利用这一点将数据获取下

来，结合响应的 SQL 语句和 mysql 模块的 query()方法将数据保存在相应的数据库中。POST
方法的代码如下：

```
router.post('/', function(req, res, next) {
var mysqlParams=[req.body.name,
     req.body.chinese,
     req.body.english,
     req.body.math
   ];
   var mysqlQuery = 'INSERT student(name,chinese,english,math) VALUES(?,?,?,?)'
   db.DBConnection.query(mysqlQuery,mysqlParams,function(err,rows,fields){
       if(err){
           console.log(err);
           return;
       }
       var success={
           message:"增加成功"
       };
       res.send(success);
   });
});
```

这样成绩录入的路由就开发完毕了。

7.4.4　读取学生成绩路由开发

这里使用 router 文件夹下的 user.js 作为路由。很明显，这个路由只需要使用一个 GET 方
法即可。

简单的思路是用户获取这个页面之后，后端响应对 MySQL 数据库进行查询，将查询得到
的数据传递给模板引擎处理，从而渲染出完整的页面。相关的知识前文已经介绍过，这里直接
给出这个路由的代码。

```
var express = require('express');
var db = require('./../db.js');
var router = express.Router();

router.get('/', function(req, res, next) {
   var mysqlQuery = 'SELECT * FROM student'
   db.DBConnection.query(mysqlQuery,function(err,rows,fields){
       if(err){
           console.log(err);
           return;
       }
       res.render('user', {students:rows})
   });
});
```

```
module.exports = router;
```

最后，利用命令行运行 app.js 文件便可以启动项目了。整个前台页面如图 7.24 和图 7.25
所示。

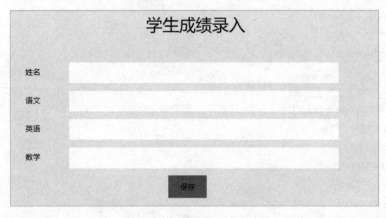

图 7.24 学生成绩录入页面

学生成绩查询			
姓名	语文	英语	数学
张三	92	78	89
李四	90	56	100
王五	90	90	99
赵六	97	78	90
孙七	90	23	99
王八	90	78	79

图 7.25 学生成绩查询页面

当然，实现这样一个页面需要读者掌握基本的 HTML 和 CSS 知识。读者可以自行通过阅
读相应的书籍进行学习与掌握。

7.5 温故知新

学完本章，读者需要回答：

1. 如何通过 mongoose 连接和操作 MongoDB？
2. 如何通过 node-mongodb-native 连接和操作 MongoDB？
3. 如何通过 mysql 模块连接和操作 MySQL？
4. 什么是 SQL 注入？
5. 如何使用 express 生成器快速生成一个项目？
6. ejs 模板引擎的基本使用方法是什么？

第三篇

Node.js实践

第 8 章
◀ 前端框架 ▶

目前使用 Node.js 技术的人大都是前端人员。如今前端技术发展迅速，了解当前的主流前端开发技术是每个 Web 开发人员的必修课。

通过本章的学习可以掌握以下内容：

- 使用 jQuery 快速操作 DOM。
- 了解 React 的使用和基本概念。
- 完成一个简单的 React 页面。

8.1 前端框架介绍——jQuery

jQuery 是一个快速、简洁的 JavaScript 框架，是继 Prototype 之后又一个优秀的 JavaScript 代码库（或 JavaScript 框架）。jQuery 设计的宗旨是"Write Less，Do More"，即倡导写更少的代码，做更多的事情。

8.1.1 jQuery 介绍

jQuery 的官方网站（见图 8.1）地址为 https://jquery.com/，GitHub 地址为 https://github.com/jquery/jquery 。

图 8.1　jQuery 官方网站

    jQuery 诞生于 2007 年，经过十多年的发展已经成为每一个前端人员必备的技能。jQuery 对 DOM 操作的封装甚至使很多初涉前端领域的人只知 jQuery，不知原生 JavaScript。在前端这个日新月异的领域，jQuery 在十多年中依旧受到大量编程人员的追捧，不得不说这是一个奇迹。

    jQuery 简化了开发人员操作 DOM、处理事件、执行动画和开发 Ajax 的操作，同时这些操作对浏览器都是兼容的。这种简化改变了前端编程人员的代码设计思路和编程方式，同时极大地提高了前端开发人员的生产力。

    jQuery 的主要特点有：①轻量，压缩后大小在 30KB 左右；②强大的选择器；③链式操作；④优雅的动画；⑤出色的 DOM 封装；⑥兼容主流浏览器。

    获取 jQuery 的方式非常简单，可以从 jQuery 官方网站中选择相应的版本进行下载。下载之后可以选择开发版或者生产版进行使用。只需要像使用其他普通的 JavaScript 脚本一样，使用 script 标签进行引入：

```
<script type="text/javascript" src="scripts/jquery.js"></script>
```

    引入之后就可以尽情使用 jQuery 了。

8.1.2　使用 jQuery 选择器

    jQuery 中的选择器完全继承了 CSS 的风格。这样就可以非常方便地使用 jQuery 选择器快速找出特定的 DOM 元素，从而对 DOM 元素进行相应的操作或者添加相应的行为。得益于 jQuery 的浏览器兼容性处理，使用这些 jQuery 的选择器完全不需要担心浏览器的兼容性问题。

    jQuery 选择器主要可以分为以下几类。

1. 基本选择器

- $("#id")：id 选择器，返回单个元素。
- $(".class")：class 选择器，返回集合元素。
- $("element")：选定指定的元素名匹配的元素，返回集合元素。
- $("*")：通配符选择器，选择所有元素，返回集合元素。
- $("selector1,selector2")：选择所有选择器匹配的元素，返回集合元素。

2. 层次选择器。

- $("ancestor descendant")：选择 ancestor 元素的所有 descendant 后代元素，返回集合元素。
- $("parent>child")：选择 parent 下的 child 子元素。
- $("prev+next")：选择紧接在 prev 后面的同辈 next 元素。
- $("prev~siblings")：获取 prev 后面的所有同辈 siblings 元素。

    其中，$("prev+next")与$("prev").next()的效果相同，$("prev~siblings")与$("prev").sibling() 的效果相同。

3. 基本过滤选择器

- :first：选取第一个元素，返回单个元素。
- :last：选取最后一个元素，返回单个元素。
- :not(selector)：去除所有给定选择器所匹配的元素，返回集合元素。
- :even：选取索引为偶数的所有元素，索引号从 0 开始，返回集合元素。
- :odd：选取索引为奇数的所有元素，索引号从 0 开始，返回集合元素。
- :ep(index)：选取索引等于 index 的元素，index 从 0 开始，返回单个元素。
- :gt(index)：选取索引大于 index 的所有元素，返回集合元素。
- :lt(index)：选取索引小于 index 的所有元素，返回集合元素。
- :header：选取所有的标题元素，返回集合元素。
- :animated：选取正在执行动画的元素，返回集合元素。
- :focus：选取当前获取焦点的元素，返回集合元素。

4. 内容过滤选择器

- :contains(text)：选取含有文本内容为 text 的元素，返回集合元素。
- :empty：选取没有子节点或者文本的空元素，返回集合元素。
- :has(selector)：选取含有选择器所匹配的元素，返回集合元素。
- :parent：选取含有子节点或者文本的元素，返回集合元素。

5. 可见性过滤选择器

- :hidden：选取所有不可见的元素，返回集合元素。
- :visible：选取所有可见的元素，返回集合元素。

6. 属性过滤选择器

- [attribute]：选取含有此属性的元素，返回集合元素。
- :[attribute=value]：选取属性的值为 value 的元素，返回集合元素。
- :[attribute!=value]：选取属性的值不为 value 的元素，返回集合元素。
- :[attribute^=value]：选取属性的值以 value 开始的元素，返回集合元素。
- :[attribute$=value]：选取属性的值以 value 结尾的元素，返回集合元素。
- :[attribute*=value]：选取属性的值含有 value 的元素，返回集合元素。
- :[attribute|=value]：选取属性的值等于 value 或者以 value 为前缀（即 "value-"，value 后面跟一个连字符）的元素，返回集合元素。
- :[attribute~=value]：选取属性以空格分隔的值中含有 value 的元素，返回集合元素。
- :[attribute1][attribute1]……[attributeN1]：用多个属性选择器合并成一个复合属性选择器，返回集合元素。

7. 子元素过滤选择器

- :nth-child(index/even/odd)：选取父元素下的第 index 个子元素，index 值从 1 开始，或

者选取奇、偶子元素，返回集合元素。

- :first-child：选取父元素下的第一个子元素，返回集合元素。
- :last-child：选取父元素下的最后一个子元素，返回集合元素。
- :only-child：如果元素是父元素的唯一元素就选择，否则不选择，返回集合元素。

另外，:nth-child()还可以通过数学表达式选取一组特定的元素，如:nth-child(3n)就选取父元素下所有 3 的倍数的子元素（*n* 从 1 开始，即选取第 3、6、9……个元素）。

8. 表单选择器

- :input：选取所有的 input、textarea、select、button 元素，返回集合元素。
- :text：选取所有的单行文本框，返回集合元素。
- :password：选取所有的密码框，返回集合元素。
- :radio：选取所有的单选框，返回集合元素。
- :checkbox：选取所有的多选框，返回集合元素。
- :submit：选取所有的提交按钮，返回集合元素。
- :image：选取所有的图像按钮，返回集合元素。
- :reset：选取所有的重置按钮，返回集合元素。
- :button：选取所有的按钮，返回集合元素。
- :file：选取所有的上传域，返回集合元素。

9. 表单对象属性过滤选择器

- :enabled：选取所有可用元素，返回集合元素。
- :disabled：选取所有不可用元素，返回集合元素。
- :checked：选取所有被选中的元素（单选框和多选框），返回集合元素。
- :selected：选取所有被选中的元素（下拉列表），返回集合元素。

8.1.3 使用 jQuery 进行 DOM 操作

原生 JavaScript 对于 DOM 的操作非常复杂，而且各大浏览器对于 DOM 的实现标准也不一样，因此造成原生 JavaScript 在 DOM 操作方面如同鸡肋一般，不过 jQuery 为我们提供了大量简洁的 DOM 操作方法。

1. 查找和设置相应属性的方法

- attr()方法：接收一个或两个参数（一个参数时用于获取属性值，两个参数时用于设置属性）。需要设置多个属性时，attr 方法的参数可以是一个由属性和属性值组成的 json 数据格式。
- css()方法：接收一个或两个参数（当一个参数是属性名时，获取属性值；当接收两个参数时，设置属性第一个参数为属性名，第二个参数为属性值）。需要设置多个属性时，css 方法的参数可以是一个由属性和属性值组成的 json 数据格式。

- addClass()：为元素添加 class 值，可批量添加属性与值。
- removeAttr()：删除指定的属性。
- removeClass()：有参数时，删除指定的 class 值；没有参数时，删除全部的 class 值。
- hasClass()：判断匹配的元素是否有某个 class 值，有就返回 true，没有则返回 false。

2. 创建元素、文本、属性节点的方法

可以直接将元素、文本、属性添加到$()方法中，例如：

```
var p=$("<p title='mytitle'>假装是标题</p>"
```

3. 插入节点的方法

- append()：向元素内部添加节点。
- appendTo()：将元素添加到指定元素内部，即将 append 方法中的链式操作成员互换位置。
- prepend()：向元素内部前置内容。
- prependTo()：将节点前置到指定元素中，即将 prepend 方法链式操作中的成员互换位置。
- after()：在每个元素节点后添加节点。
- insertAfter()：将节点插入指定节点之后，即将 after 方法链式操作中的成员互换位置。
- before()：在节点前面插入节点。
- insertBefore()：将节点插入指定元素前面。

4. 删除节点的方法

- remove()：从 DOM 中删除所有匹配的元素，同时该节点所包含的所有后代节点将同时被删除，因为返回值是删除节点的引用，所以可以在以后继续使用这些元素，但是这些节点所绑定的事件也会删除。
- detach()：和 remove()几乎一样，不同的是 detach 方法不会删除节点所绑定的事件和附加的数据。
- empty()：清空所匹配的节点。

5. 复制节点的方法

- clone()：复制节点，可以有 true 参数。当有 true 参数时，将同时复制节点所绑定的事件。

6. 替换节点的方法

- replaceWith()：将匹配的节点替换成指定的节点。
- replaceAll()：用指定的节点替换相应节点，即将 replaceWith 方法链式操作中的成员互换位置。

7. 遍历节点

- children()：获取所有的子元素集合，返回一个数组，只考虑子元素，不考虑其他后代

元素。

- next()：获取匹配元素后面紧邻的同辈元素，效果类似于$("prev+next")。
- prev()：获取匹配元素前面紧邻的同辈元素。
- siblings()：获取匹配元素前后所有的同辈元素，类似于$("prev~siblings")。
- closest()：获取最近的符合匹配的一个父元素。
- parent()：获取一个父元素。
- parents()：获取所有匹配的一个祖先元素。

8. 事件与动画

- 加载 DOM 使用 $(document).ready()，和原生的 JavaScript 的 window.onload()方法有类似的功能。window.onload()方法是在网页中所有的元素（包括元素的所有关联文件）完全加载到浏览器后才执行；$(document).ready()在 DOM 完全就绪时就可以被调用，此时并不意味着这些关联文件都已经下载完毕。另外，$(document).ready()可多次使用，而 window.onload()只能使用一次，多次使用时会出现覆盖的现象。除此之外，$(document).ready 可以简写成$().ready()。
- 事件绑定使用 bind()，可以有三个参数，第一个参数是事件类型，第二个参数可选，作为 event.data 属性值传给事件对象的额外数据对象，第三个参数是处理函数。

常见的事件类型有 blur、focus、load、resize、scroll、unload、click、dbclick、mousedown、mouseup、mouseover、mousemove、mouseout、mouseenter、mouseleave、change、select、submit、keydown、keyup、error。其中，mouseover、mouseout 这类常用的事件可以简写：

```
$(function(){
    $("h1").mouseover(function(){
        $(this).next().show()
    }).mouseout(function(){
        $(this).next().hide()
    })
})
```

9. 合成事件

jQuery 中有两个合成事件——hover()和 toggle()方法。

- hover()：用于模拟光标悬停事件，语法：

```
hover(enter,leave);
```

当光标移动到元素时会触发第一个函数，离开时触发第二个函数。

- toggle()：用于模拟鼠标连续点击事件，语法：

```
toggle(fn1,fn2,……,fn);
```

8.2　前端框架介绍——React

React 起源于 Facebook 的内部项目。React 的出现是革命性的创新，它的横空出世使全球的 JavaScript 开发者为之疯狂，可以说 React 是一个颠覆式的前端框架。React 官方这样介绍它：一个声明式的、高效的、灵活的、创建用户界面的 JavaScript 库。虽然 React 的主要作用是构建 UI，但是项目的逐渐成长已经使得 React 成为前后端通吃的 Web App 解决方案。

8.2.1　React 介绍

React 的官方网址为 https://facebook.github.io/react/（页面见图 8.2），GitHub 地址为 https://github.com/facebook/react。

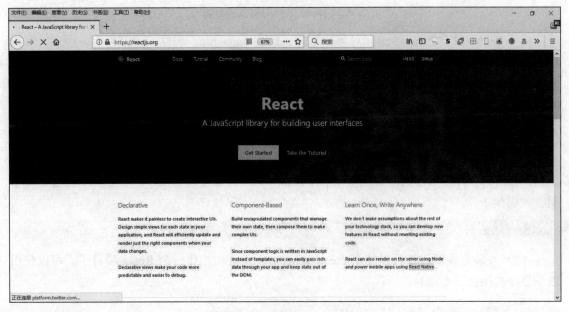

图 8.2　React 官方网站

React 的声明式特点减少了操作 DOM 的性能损耗，同时利用项目的解耦、项目人员的相互配合以及同时组件化开发思想使得大量组件得以复用。React 内部实现的虚拟 DOM 和 DOM diff 算法使得对 DOM 的操作变得十分高效。我们知道在 JavaScript 中一个 DOM 节点有很多的属性和方法，在开发者工具中，可以使用 for…in…语句打印出这些属性和方法，如图 8.3 所示。

```
> var div = document.getElementsByTagName('div')[0];
< undefined
> var value = '';
< undefined
> for(var key in div){
  value += key +' ';
  }
< "align title lang translate dir dataset hidden tabIndex accessKey draggable spellcheck contentEditable isContentEditable offsetParent
  offsetTop offsetLeft offsetWidth offsetHeight style innerText outerText onabort onblur oncancel oncanplay oncanplaythrough onchange
  onclick onclose oncontextmenu oncuechange ondblclick ondrag ondragend ondragenter ondragleave ondragover ondragstart ondrop
  ondurationchange onemptied onended onerror onfocus oninput oninvalid onkeydown onkeypress onkeyup onload onloadeddata onloadedmetadata
  onloadstart onmousedown onmouseenter onmouseleave onmousemove onmouseout onmouseover onmouseup onmousewheel onpause onplay onplaying
  onprogress onratechange onreset onresize onscroll onseeked onseeking onselect onshow onstalled onsubmit onsuspend ontimeupdate ontoggle
  onvolumechange onwaiting click focus blur onauxclick ongotpointercapture onlostpointercapture onpointercancel onpointerdown onpointerenter
  onpointerleave onpointermove onpointerout onpointerover onpointerup namespaceURI prefix localName tagName id className classList slot
  attributes shadowRoot assignedSlot innerHTML outerHTML scrollTop scrollLeft scrollWidth scrollHeight clientTop clientLeft clientWidth
  clientHeight onbeforecopy onbeforecut onbeforepaste oncopy oncut onpaste onsearch onselectstart onwheel onwebkitfullscreenchange
  onwebkitfullscreenerror previousElementSibling nextElementSibling children firstElementChild lastElementChild childElementCount
  hasAttributes getAttribute getAttributeNS setAttribute setAttributeNS removeAttribute removeAttributeNS hasAttribute hasAttributeNS
  getAttributeNode getAttributeNodeNS setAttributeNode setAttributeNodeNS removeAttributeNode closest matches webkitMatchesSelector
  attachShadow getElementsByTagName getElementsByTagNameNS getElementsByClassName insertAdjacentElement insertAdjacentText
  insertAdjacentHTML requestPointerLock getClientRects getBoundingClientRect scrollIntoView scrollIntoViewIfNeeded createShadowRoot
  getDestinationInsertionPoints animate remove webkitRequestFullScreen webkitRequestFullscreen querySelector querySelectorAll
  setPointerCapture releasePointerCapture hasPointerCapture before after replaceWith prepend append ELEMENT_NODE ATTRIBUTE_NODE TEXT_NODE
  CDATA_SECTION_NODE ENTITY_REFERENCE_NODE ENTITY_NODE PROCESSING_INSTRUCTION_NODE COMMENT_NODE DOCUMENT_NODE DOCUMENT_TYPE_NODE
  DOCUMENT_FRAGMENT_NODE NOTATION_NODE DOCUMENT_POSITION_DISCONNECTED DOCUMENT_POSITION_PRECEDING DOCUMENT_POSITION_FOLLOWING
  DOCUMENT_POSITION_CONTAINS DOCUMENT_POSITION_CONTAINED_BY DOCUMENT_POSITION_IMPLEMENTATION_SPECIFIC nodeType nodeName baseURI isConnected
  ownerDocument parentNode parentElement childNodes firstChild lastChild previousSibling nextSibling nodeValue textContent hasChildNodes
  getRootNode normalize cloneNode isEqualNode isSameNode compareDocumentPosition contains lookupPrefix lookupNamespaceURI isDefaultNamespace
  insertBefore appendChild replaceChild removeChild addEventListener removeEventListener dispatchEvent "
```

图 8.3　DOM 节点的属性和方法

　　一个 DOM 和一个 JavaScript 对象非常像，包含 tagName、属性、子节点等。因此，可以用 JavaScript 对象来表示 DOM 节点。虚拟 DOM 就是这个思路，根据 DOM diff 算法得出变化的 DOM，最后应用于真实的 DOM，从而尽可能减少 DOM 操作的开销。

　　React 只是专注于 UI 的构建，因此构建大型应用还需要配合其他技术栈一起使用，这也正是 React 的灵活性体现。

　　（1）为了减少 React 应用开发环境搭建的烦琐，可以使用 Facebook 官方推出的 create-react-app 脚手架工具。要使用 create-react-app，需要使用 Node.js 在全局安装这个脚手架，代码如下：

```
npm install create-react-app -g
```

　　（2）安装完成后，就可以使用 create-react-app 工具初始化一个 React 项目了。可以使用以下命令初始化一个项目：

```
create-react-app projectname
```

　　（3）命令运行完成后的界面如图 8.4 所示。

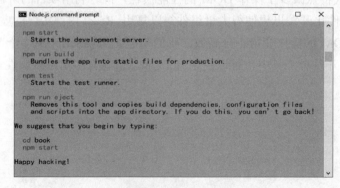

图 8.4　初始化界面

（4）根据提示的运行命令，进入项目目录后，使用 npm start 命令可以运行这个项目。运行后，可以在浏览器中输入 localhost:3000 地址，从而看到这个项目初始化的样子，如图 8.5 所示。

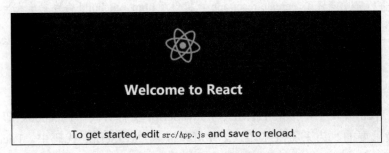

图 8.5　React 欢迎界面

（5）进入项目目录后可以看到这个 create-react-app 创建的文件和文件夹，如图 8.6 所示。

Name	Date modified	Type	Size
node_modules	2018/9/13 10:40	File folder	
public	2018/9/13 10:40	File folder	
src	2018/9/13 10:40	File folder	
.gitignore	2018/9/13 10:40	Git Ignore Source ...	1 KB
package.json	2018/9/13 10:40	JSON File	1 KB
package-lock.json	2018/9/13 10:40	JSON File	388 KB
README.md	2018/9/13 10:40	Markdown Source...	119 KB

图 8.6　craete-react-app 初始化目录

其中需要重点关注的是 src 文件夹。这个文件夹是开发的文件夹，所有的 React 组件都应该存放在这个文件夹中。src 文件夹的文件目录如图 8.7 所示。

Name	Date modified	Type	Size
App.css	2018/9/13 10:40	JetBrains WebStorm	1 KB
App.js	2018/9/13 10:40	JetBrains WebStorm	1 KB
App.test.js	2018/9/13 10:40	JetBrains WebStorm	1 KB
index.css	2018/9/13 10:40	JetBrains WebStorm	1 KB
index.js	2018/9/13 10:40	JetBrains WebStorm	1 KB
logo.svg	2018/9/13 10:40	SVG Document	3 KB
registerServiceWorker.js	2018/9/13 10:40	JetBrains WebStorm	5 KB

图 8.7　src 目录

在 src 目录中，index.js 是整个项目的入口文件，定义了渲染的 public 文件夹下 index.html 文件对应的 DOM 节点，文件内容如下：

```
import React from 'react';
import ReactDOM from 'react-dom';
import App from './App';
import registerServiceWorker from './registerServiceWorker';
import './index.css';

ReactDOM.render(<App />, document.getElementById('root'));
```

```
registerServiceWorker();
```

 利用 create-react-app 脚手架工具使开发 React 应用免去了开发环境搭建的烦琐，只需要在 src 进行开发就好了。create-react-app 也提供了 npm run build 命令来生成生产环境文件。这个命令会将所有的 JS 文件打包压缩为一个 JS 文件，用于生产环境。

8.2.2　React 的 JSX 语言

在传统的 Web 开发中，推崇 HTML 与 JavaScript 文件分离。Facebook 却认为组件才是 Web 开发中最重要的。为了将 HTML 文件可以嵌入 JavaScript 代码中，Facebook 拓展了 JavaScript 这门语言，形成了 JSX 语言。

可以在 JavaScript 文件中正常写入 HTML 代码。在上一小节中生成的 React 项目 src 文件夹下的 App.js 文件内容如下：

```
import React, { Component } from 'react';
import logo from './logo.svg';
import './App.css';


class App extends Component {
  render() {
    return (
      <div className="App">
        <div className="App-header">
          <img src={logo} className="App-logo" alt="logo" />
          <h2>Welcome to React</h2>
        </div>
        <p className="App-intro">
          To get started, edit <code>src/App.js</code> and save to reload.
        </p>
      </div>
    );
  }
}

export default App;
```

在这个文件中，render()方法可以像在 HTML 文件中一样书写 HTML 代码，这便是 JSX 语言。当然 JSX 语言并不是开发 React 所必需的。不使用 JSX，可以使用 React.createElement() 方法来创建 HTML 节点，不过这个方法远没有 JSX 语言简明易读，因此开发中强烈建议使用 JSX 语言。

使用 JSX 需要注意的是，class 为 JavaScript 语言的保留字，应该使用 className 来代替，同时 HTML 的 for 属性也是 JavaScript 的保留字，应该使用 htmlFor 来代替。

在 JSX 语言中，可以像 HTML 文件一样正常书写 HTML 标签。如果需要在一段 HTML 标签中使用 JavaScript 语言，就需要使用大括号 "{}" 来包围 JavaScript 代码，告诉编译工具这些是 JavaScript 代码，具体如下：

```
const div = <div> {1+100} </div>;
```

值得注意的是，JSX 中 style 属性应该作为一个对象，因为对象是 JavaScript 的语法，所以又需要使用大括号包围。同时，css 属性也不再是使用中画线连接，而是使用驼峰形式，因此声明一个元素的 style 可能如下：

```
const div = <div style={{fontSize: '16px', textAlign: 'center'}}> {1+100} </div>;
```

在实际开发中，一段列表（如文章列表）是非常常见的。得益于 JSX 语言，利用 JavaScript 的循环迭代可以迅速生成一段列表，而不再是一大段一大段类似的列表元素。在 JSX 中可以使用数组来存储一组元素，最后利用大括号展开即可。例如，实现一段简单的列表，修改 App.js 文件如下：

```
/*引入 React*/
import React, { Component } from 'react';
/*引入样式文件*/
import './App.css';

/*构建 App 类*/
class App extends Component {
  /*定义 render 方法*/
  render() {
    const arr = ['react','javascript','java','ruby','php'];
    const eleArr = arr.map((ele, i) => {
        return <li key={i}> {ele} </li>
  });
    /*返回 jsx 内容*/
    return (
      <div className="App">
      <ul>
      {eleArr}
      </ul>
      </div>
  );
  }
}

/*导出 APP 类*/
export default App;
```

在浏览器中可以看到一段列表顺利生成了，如图 8.8 所示。

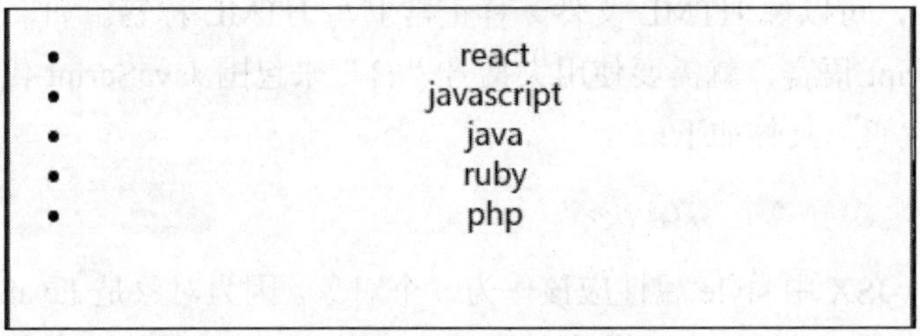

- react
- javascript
- java
- ruby
- php

图 8.8　快速生成列表

 如此生成的元素应该始终带有 key 属性。这个属性是 React 为了标明不同元素，从而用来判断哪个元素变化以重新渲染用的。

8.2.3　React 的 props 和 state

React 为构建 UI 同时提供了 props 和 state 用于数据的传递。props 和 state 都可以用来表示组件的状态，props 是作为父组件传递给子组件的数据，所以这就可以形成一个数据流，而 state 是作为组件内部使用的数据或者状态。下面通过实例说明这两者的区别。

在 src 目录下新建一个名为 NameList.js 的文件，作为 App.js 组件的子组件，写入以下内容：

```
/*引入 React*/
import React, {Component} from 'react';

/*构建类*/
class NameList extends Component{
  /*构造函数*/
  constructor(){
    super();
    /*定义初始化的 state*/
    this.state = {show: true}
  }
  del = ()=>{
  this.setState({show: false})
}
/*定义 render 方法*/
render() {
  /*定义样式*/
  const style = {
    display:'inline-block',
    width:'100px',
    paddingRight:'20px',
```

```
    height: '50px',
  };
  /*根据 state 的值判断是否显示*/
  if(this.state.show){
    return(
      <div>
      <span style={style}>{this.props.username}</span>
    <span style={style}>{this.props.age}</span>
    <input type="button" onClick={this.del} value="删除"/>
      </div>
  )
  } else{
    return null;
  }


}
}

/*导出类*/
export default NameList;
```

同时将 **App.js** 修改为以下代码：

```
/*引入 React*/
import React, { Component } from 'react';
/*引入 NameList 类*/
import NameList from './NameList';
/*引入样式文件*/
import './App.css';

    /*构建类*/
class App extends Component {
    /*定义 render 方法*/
  render() {
    return (
      <div className="App">
        <NameList username="student" age="12"/>
      </div>
    );
  }
}


    /*导出类*/
```

```
export default App;
```

在这段代码中，子组件的 username 和 age 都是 props 数据的一部分，而这些数据都是由父组件传递过来的，这些数据是子组件的初始化数据，不能修改。state 数据是由子组件自己来维护的，同时子组件可以修改 state 来改变组件自身的状态，所以说 state 是组件私有的数据。

利用 create-react-app 的 npm start 命令启动应用后，在浏览器中可以看到如图 8.9 所示的页面，单击按钮子组件将在页面中消失。

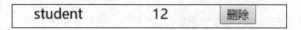

图 8.9　组件 props 状态和 state 状态的区别

利用上一节中提到的 map 方法可以很轻松地复用这个组件，一个简单的列表就这样生成了。将 App.js 文件的代码修改如下：

```
/*引入 React*/
import React, { Component } from 'react';
/*引入 NameList 类*/
import NameList from './NameList';
/*引入样式文件*/
import './App.css';

    /*构建类*/
class App extends Component {
    /*定义 render 方法*/
  render() {
    /*定义数据*/
    const store = [
      {username: 'java', age:'20'},
      {username: 'javascript', age:'20'},
      {username: 'php', age:'20'},
      {username: 'python', age:'23'},
      {username: 'css', age:'12'},
      {username: 'ruby', age:'10'},
    ];
    return (
      <div className="App">
        {
          store.map((item, i )=> {
            return (<NameList username={item.username} key={i}/>)
          })
        }
      </div>
    );
```

```
  }
}

/*导出类*/
export default App;
```

这样在浏览器中就可以看到一个简单的列表，如图 8.10 所示。

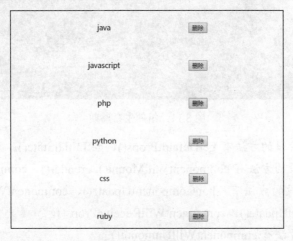

图 8.10 简单的列表

 因为 props 是由父组件传递给子组件的，所以 props 的改变只能寄希望于父组件传递新的 props。而 state 是组件自己负责维护和更新的，因此 React 提供了 setState()方法来更新组件的 state。需要注意的是这个方法是异步的。

8.2.4 React 的组件生命周期

React 组件的 state 或者 props 发生改变后会导致这个组件重新进行渲染，此时 DOM 也会有相应的变化。其中，只有 Render 方法是上文提到的，就是 DOM 渲染时的方法。然而，只有这个方法是不够的，因为在实际开发中，开发者往往需要在渲染前或者渲染后去做一些额外的事情，比如数据的请求、state 的改变等。因此，开发者需要对组件的各个阶段进行控制，这样就可以足够高效地进行开发了。为此，React 的团队提出了组件生命周期的概念。

对于一个基本的 React 组件，可以将每个 React 组件的生命周期分为初始化、挂载、更新、卸载 4 个阶段。React 为这 4 个阶段提供了不同的方法，以便开发者有足够的控制权对组件进行控制。

React 的组件生命周期可以用图 8.11 来表示。

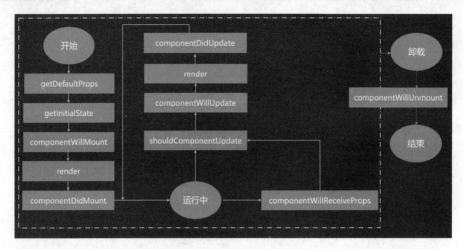

图 8.11 　组件生命周期

- 组件初始化阶段的方法有 getDefaultProps()、getInitialState()。
- 组件挂载阶段的方法有 componentWillMount()、render()、componentDidMount()。
- 组件更新阶段的方法有 shouComponentUpdate()、componentWillUpdate、render()、componentDidUpdate()、componentWillReceiveProps()。
- 组件卸载的方法有 componentWillUnmount()。

 在组件挂载阶段并不会调用组件更新阶段的方法，也就是说在初次渲染过程中，更新阶段的方法是不可用的，因此开发者不应该将初次渲染使用的方法在更新阶段来使用，这是非常不明智的做法。

　　同时，shouldComponentUpdate()方法应该返回一个布尔值，如果返回值为 true，就继续更新这个组件；相反，如果返回值为 false，将不更新这个组件。也就是说，此时 componentWillUpdate()、render()、componentDidUpdate()方法是不会被调用的。

　　为了更好地理解组件生命周期的概念，利用一段代码或许更好说明。将 App.js 文件内容修改如下：

```
/*引入 React*/
import React, { Component } from 'react';
/*引入样式文件*/
import './App.css';

/*构建类*/
class App extends Component {
  constructor() {
    super();
    /*定义初始化 state*/
    this.state = {name:1234}
  }
```

```
/*组件将要挂载 */
  componentWillMount(){
  console.log('willMount');
}

  /*组件挂载完成 */
componentDidMount(){
  console.log('didmount');
}

  /*组件是否应该更新 */
shouldComponentUpdate() {
  console.log('shouldupdate')
  return true;
}

/*组件将要更新 */
componentWillUpdate(){
  console.log('willupdate')
}

  /*组件更新完成 */
componentDidUpdate(){
  console.log('didupdate')
}

  /*定义 render 方法*/
  render() {
  console.log('render');
  return (
    <div className="App">
      <input type="button" onClick={() => {this.setState({name:2345})}}
value="change"/>
    </div>
  );
}
}

  /*导出类 */
export default App;
```

启动这个应用后,打开浏览器的控制台,可以看到如图 8.12 所示的页面。

```
willMount
render
didmount
```

图 8.12   组件生命周期

这与预想中的一样，处于组件更新阶段的方法都没有被调用。单击按钮后，组件的 state
改变了，因此会造成这个组件的重新渲染，此时更新阶段的方法的执行顺序和预期一致，如图
8.13 所示。

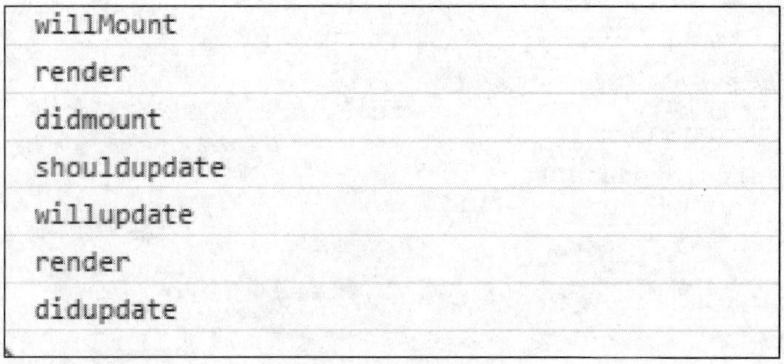

```
willMount
render
didmount
shouldupdate
willupdate
render
didupdate
```

图 8.13   组件生命周期

如果将处于更新阶段的 shouldComponentUpdate()的返回值修改为 false，可以看到组件并
没有更新，处于这个方法后面的方法自然就没有被调用了。

作为开发者，需要注意的是这些处于生命周期的函数为开发者更好地控制组件提供了可
能，同时也应该善用这些方法，因为对这些方法使用不当很可能会造成 React 应用的性能
问题。

8.3   实战——图书信息统计

本节将利用本章所介绍的知识实现一个简单的 React 实例：创建一个简单的信息统计展示
页面。这里将利用笔者个人作品的 API 展示一个简单的图书系统信息统计页面。这个页面展
示统计信息，同时实现信息统计条件的切换。

8.3.1   生成基本的目录结构

这里使用脚手架工具 create-react-app 进行开发。使用 create-react-app 脚手架之前需要使用
NPM 进行安装：

```
npm install create-react-app -g
```

安装脚手架工具之后就可以使用 create-react-app 来生成项目目录结构了。create-react-app
命令如下：

```
create-react-app book
```

等待一段时间后就可以看到生成的项目目录结构了。

在生成的目录结构下的 src 文件夹下创建 component、container 和 utils 文件夹。

8.3.2　基本的结构开发

一个结构完整的网站一般包括 header、banner、nav、footer 等部分。为了页面的完整，这些结构在这里依旧需要。在 container 文件夹下分别创建 AsideContainer.js、BannerContainer.js、FooterContainer.js、HeaderContainer.js、MainContainer.js 文件，如图 8.14 所示。

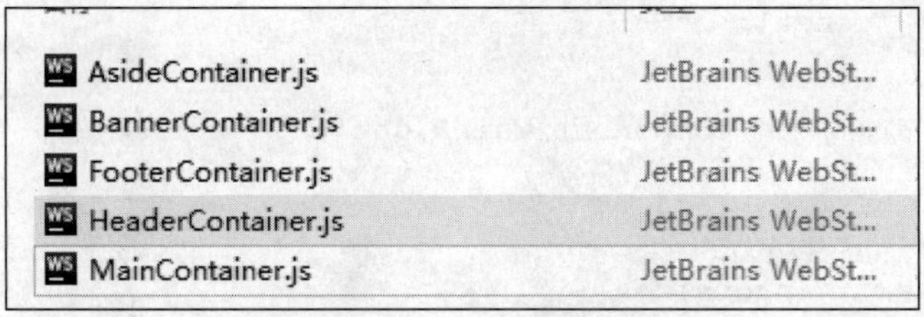

WS AsideContainer.js	JetBrains WebSt...
WS BannerContainer.js	JetBrains WebSt...
WS FooterContainer.js	JetBrains WebSt...
WS HeaderContainer.js	JetBrains WebSt...
WS MainContainer.js	JetBrains WebSt...

图 8.14　项目基本目录结构

在 HeaderContainer.js 文件中写入以下内容：

```
/*引入 React */
import  React from "react";

/*定义头部组件*/
const HeaderContainer = (props) => {
 return (
   <header className="header">
    Header
   </header>
 )
};

   /*导出头部组件*/
export default HeaderContainer;
```

同理，在 BannerContainer.js 文件夹中写入以下内容作为标识：

```
/*引入 React */
import React from 'react';

/*定义 Banner 组件*/
const BannerContainer = (props) => {
 return (
   <section className="banner">
    banner
```

```
        </section>
    )
};

/*导出 Banner 组件*/
export default BannerContainer;
```

其他几个组件也一样。其中，MainContainer.js 文件将作为开发的主要文件。在 MainContainer.js 文件中写入以下内容：

```
/*引入 React */
import React from 'react';
/*引入主体右部分*/
import MainRight from '../component/MainRight';

/*定义主体部分*/
const MainContainer = (props) => {
  return (
    <section className="main-right">
    maincontainer
</section>
    )
};

/*导出主体组件*/
export default MainContainer;
```

在 components 文件夹中创建 BarEchart.js、Echart.js、MainRigth.js、PieEchart.js 文件作为主要开发的组件文件。在 utils 文件夹中创建 ajax.js 和 htime.js 文件，分别用来作为处理 ajax 请求和处理时间的函数。在 ajax.js 文件中写入以下内容：

```
/*定义 ajax 方法*/
const ajax = function (method, url, cb) {
  let xhr = new XMLHttpRequest();
  xhr.open(method, url, true);
  xhr.send();
  xhr.onreadystatechange = function() {
    if(xhr.readyState === 4) {
     if((xhr.status >= 200 && xhr.status < 300) || xhr.status === 304) {
     /*处理方法 */
        cb(xhr.responseText);
     }
    }
  }
};
```

```
/*导出 ajax 方法*/
export default ajax;
```

在 htime.js 文件中写入以下内容：

```
/*定义 htime 方法*/
const htime = {
getDiff: function(num){
    let time;
    if(num){
      time = new Date(new Date().getTime() - num*24*60*60*1000);
    }else{
      time = new Date();
    }
    return this.parseTime(time);
  },
  parseTime: function(time) {
    let year = time.getFullYear();
    let month = time.getMonth() + 1 > 9 ? time.getMonth() + 1 : '0' + (time.getMonth()
+ 1);
    let day = time.getDay() > 9 ? time.getDay(): '0' + time.getDay();
    return year + '-' + month + '-' + day;
  }
};

/*导出 ajax 方法*/
export default htime;
```

8.3.3　信息图表的开发

为了简化开发、提高开发效率，这里将使用 echart 图表库，echart 并不能直接用在 React 项目中，对应的有一个 rc-echarts 库。使用 NPM 安装这个库之后就可以像使用 echart 一样使用这个库了。

```
npm install rc-echarts --save
```

在上一小节中提到 components 文件夹中的几个文件。其中，MainRight.js 是其他组件的入口组件，因此开发也是从这个组件开始的，在这个文件中写入以下内容：

```
/*引入 React*/
import React from 'react';
/*引入 ajax*/
import ajax from '../utils/ajax';
/*引入饼图*/
```

```
import PieEcharts from './PieEchart';
/*引入条形图*/
import BarEcharts from './BarEchart';
/*引入 htime 方法*/
import htime from '../utils/htime';

/*定义图表组件*/
class MainRight extends React.Component{
  constructor(props) {
    super(props);
  this.state = {
      type: 'pie',
      data:'',
      dataAfter:'',
      time:1,
      url:props.url,
    };
    this.changeBarType=this.changeBarType.bind(this);
    this.changePieType=this.changePieType.bind(this);
    this.changeDate = this.changeDate.bind(this);
  }
  /*更改为条形图的方法*/
  changeBarType(){
    if(this.state.type=='pie'){
      this.setState({type:'bar'});
      this.parseBarData(this.state.data);
    }
  }
  /*更改时间段的方法*/
  changeDate(event) {
      let that = this;
      let value = event.target.value;
      this.setState({time:value});
      let url;
      console.log('value:' +value);
      if(value == 1){
        url = this.props.url;
      } else if(value == 2){
        let time = htime.getDiff(3*30);
        url = this.props.url + '?timeAfter='+time;
      } else if(value == 3 ){
        let time = htime.getDiff(6*30);
        url = this.props.url + '?timeAfter='+time;
```

166

```
        }else if(value == 4 ){
          let time = htime.getDiff(12*30);
          url = this.props.url + '?timeAfter='+time;
        }else if(value == 5 ){
          url = this.props.url + '?timeAfter=1970-01-01';
        }
        console.log('url:' + url);
        ajax('get',url,function(data){
          data = JSON.parse(data);
          that.setState({
            data : data,
            url:url
          });
          console.log(data);
          if(that.state.type=='pie'){
            that.parsePieData(data);
          } else {
            that.parseBarData(data);
          }
        })
    }
    /*更改为饼图的方法*/
    changePieType(){
      if(this.state.type=='bar'){
        this.setState({type:'pie'});
        this.parsePieData(this.state.data);
      }
    }
    /*解析饼图数据的方法*/
    parsePieData(data){
        let dataAfter = [];
        console.log(data.data);
        for(let i = 0; i < data.data.length; i++) {
          dataAfter.push({
            name: data.data[i].name,
            value: data.data[i].count
          })
        }
        this.setState({dataAfter:dataAfter});
    }
      /*解析条形图数据的方法*/
    parseBarData(data) {
      console.log(data);
```

167

```
    let dataAfter = {
      name:[],
      count:[]
    };
    for (let i = 0; i < data.data.length; i++) {
      dataAfter.name.push(data.data[i].name);
      dataAfter.count.push(parseInt(data.data[i].count));
    }
    this.setState({dataAfter:dataAfter});
  }
  /*组件将要挂载的方法*/
  componentWillMount() {
    let that = this;
    /*使用 ajax 请求数据 */
    ajax('get',that.state.url,function(data){
      data = JSON.parse(data);
      that.setState({
        data : data
      });
      console.log(data);
      that.parsePieData(data);
    })
  }
  render () {
    return (
      <section className="main-right-charts">
        <section className="main-right-charts-btns clearfix">
          <div className="main-right-charts-btns-type" >
            <span className={this.state.type==='pie'?'active' : ''}
onClick={this.changePieType}>饼状图</span>
            <span className={this.state.type==='bar'?'active' : ''}
onClick={this.changeBarType}>条形图</span>
          </div>
          <div className="main-right-charts-btns-times">
            <select name="charts-time" onChange={this.changeDate}>
              <option value="1">一个月</option>
              <option value="2">三个月</option>
              <option value="3">半年</option>
              <option value="4">一年</option>
              <option value="5">全部</option>
            </select>
          </div>
        </section>
```

```
        {this.state.type=='pie' ? <PieEcharts data={this.state.dataAfter}/> :
<BarEcharts data={this.state.dataAfter}/>}
      </section>
    )
  }
}

/*导出图表组件*/
export default MainRight;
```

这里需要说明的是，需要将 ajax 请求置于 componentDidMount 中，同时 BarEchart.js 和 PieEchart.js 分别为柱状图和饼状图的组件，只需要按照 echart 的配置即可。以 BarEchart.js 为例，写入以下内容即可：

```
/*引入 React*/
import React from 'react';
/*引入 React 版的 echarts*/
import Chart from 'rc-echarts';

/*引入条形图组件*/
const BarEcharts = function (props){
  const barOptions ={
    title: {
      show: true,
      text: '个人借阅量统计',
      textStyle: {
        color: '#1c95ea'
      }
    },
    tooltip: {},
    legend: {
      data: ['借阅量'],
    },
    xAxis: {
      data: props.data.name || '',
      name: '姓名',
      nameLocation: 'end',
      nameTextStyle: {
        color: '#1c95ea',
        fontWeight: 'bold'
      },
      nameGap: 30
    },
    yAxis: {
      name: '借阅量',
      nameLocation: 'end',
      nameTextStyle: {
        color: '#1c95ea',
        fontWeight: 'bold'
```

169

```
        },
        nameGap: 15
      }
    };
    const barSeries = {
      name:'借阅量',
      type: 'bar',
      data: props.data.count || '',
      itemStyle: {
        normal: {
          color: '#1c95ea',
          barBorderRadius: [5, 5, 0, 0]
        },
        emphasis: {
          color: '#045e9d',
        }
      },
      barGap: '50%'
    };

    return(
      <Chart {...barOptions}>
        <Chart.Bar {...barSeries}/>
      </Chart>
    )
};

/*导出条形图组件*/
export default BarEcharts;
```

稍微添加一些样式即可实现漂亮且简单的图表类型切换和时间切换的功能，如图 8.15 和图 8.16 所示。

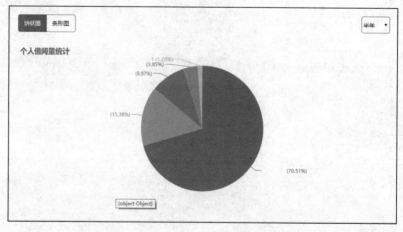

图 8.15　项目饼状图

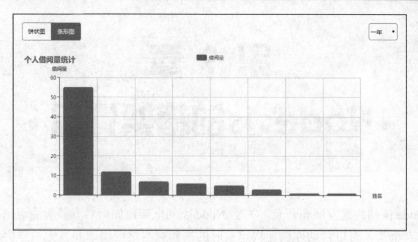

图 8.16　项目条形图

8.4 温故知新

学完本章，读者需要回答：

1. jQuery 主要解决了哪些问题？
2. React 的生命周期概念有哪些？
3. 什么是 JSX，使用 JSX 需要注意哪些问题？

第 9 章

◀ Node.js的框架介绍 ▶

随着 Node.js 的快速发展和普及，基于 Node.js 的框架也如雨后春笋般涌现出来。其中有很多 Node.js 框架，可以帮助你快速构建实时的端到端网络应用，并且无须任何其他第三方 Web 服务器、应用服务器等工具和技术。本章对 Node.js 的主流框架进行整体介绍，并对现在应用广泛的 Express 和 Meteor 等框架进行详细的分析和比较。

通过本章的学习可以掌握以下内容：

● Node.js 主流框架的分类和特点。

● Express 框架介绍。

● Meteor 框架介绍。

● 其他一些流行的 Node.js 框架介绍。

● 框架的选择和注意事项。

9.1　Node.js 框架整体介绍

Node.js 得益于 JavaScript 的广泛普及在短时间内飞速发展，让前端开发程序员仅仅使用 JavaScript 就可以建立大规模、实时性、可扩展的移动和 Web 应用程序。随着节点生态系统的增长，基于 Node.js 的框架也开始稳步发展。对于一个中小型的开发团队来说，选择一个合适的框架可以加快程序的开发，使得应用更加健壮并减少出错的概率。

Node.js 的分类有很多方式。依据 Node Frameworks 网站（http://nodeframework.com/）的标准，Node.js 的框架基本可以分为四大类：MVC 框架、全栈框架、REST API 框架以及其他框架。目前主流的 Node.js 框架为 MVC 框架和全栈框架。下面将分别介绍这几大类框架的具体特点和每种类别有哪些优秀的成员。

9.1.1　MVC 框架

MVC 框架是从传统的软件开发演进而来的，之前的软件开发都是使用 MVC 模式，也就是模型-视图-控制器（Model-View-Controller）。当 MVC 诞生的时候，Web 服务还不存在，当时的软件架构主要是客户端在原始网络中与单一数据库进行会话。由于 MVC 历史久远，影响力也很大，因此一直都有很多追随者。

Node.js 官方推荐的 Express 框架就属于 MVC 框架的一种。在 Node.js 的 MVC 框架中还存在两个小的分支，分别为 Sinatra-like 和 Rails-like。Sinatra 和 Rails 都是 Ruby 语言的 Web 框架，后者的影响力更大、更为知名。

Sinatra-like 框架高度可配置，注重开发自由度，代表性的 Node.js Web 框架有：

- Express（官方网址为 http://expressjs.com/），Node.js 官方推荐。
- Hapi（官方网址为 http://hapijs.com/）。
- Koa.js（官方网址为 http://koajs.com）。
- Flatiron（官方网址为 http://flatironjs.org/）。
- Total.js（官方网址为 http://www.totaljs.com/）。
- Locomotive（官方网址为 http://locomotivejs.org/）。

图 9.1 是上述几个框架的对比。

Metric	Express.js	Koa.js	Hapi.js
Github Stars	16,158	4,846	3,283
Contributors	163	49	95
Packages that depend on:	3,828	99	102
StackOverflow Questions	11,419	72	82

图 9.1　框架对比

Rails 框架体现为不重复自己和约定优于配置，以及严格遵循 MVC 结构开发，代表性的框架有：

- Sails.js（官方网址为 http://sailsjs.org/）。
- Geddy（官方网址为 http://geddyjs.org/）。
- CompoundJS（官方网址为 http://compoundjs.com/）。

这两种框架无所谓谁优谁劣，全凭使用者的偏好。从目前的使用情况来看，Sinatra-like 的 Express 是最受欢迎的 Node.js 框架，也是 Node.js 官方推荐的唯一框架。

9.1.2　全栈框架

全栈框架（Full-Stack Frameworks）的官方解释是：这是 Node.js 真正的闪光点，拥有大量的脚手架、模板引擎和稳定持续的开发库资源，能够让你在短时间内迅速构建一个实时的可扩展的 Web 应用程序。全栈框架也是 Node.js 框架家族中成员最多的一类框架，大名鼎鼎的 Meteor 和 MEAN 都属于全栈框架，可以让你轻松构建一个大型的 Web 应用，而不用在诸多细节上浪费大量的时间。全栈框架的部分成员如下：

- AllcountJS（官方网址为 http://allcountjs.com/）。

- Derby（官方网址为 http://derbyjs.com/）。
- Feathers（官方网址为 http://feathersjs.com/）。
- SocketStream（官方网址为 http://socketstream.org/）。
- MEAN.js（官方网址为 http://meanjs.org/）。
- MEAN.io（官方网址为 http://mean.io/）。
- Meteor（官方网址为 http://meteor.com/）。
- Meatier（官方网址为 https://github.com/mattkrick/meatier）。
- TWEE.IO（官方网址为 http://twee.io/）。
- Mojito（官方网址为 http://developer.yahoo.com/cocktails/mojito/）。
- Seeds.js（官方网址为 http://seedsjs.com/）。
- SANE（官方网址为 http://sanestack.com/）。

9.1.3 REST API 框架

REST 框架起源于 2000 年左右，是由著名的 HTTP 协议设计者之一 Fielding 提出来的。REST 框架也是目前流行的一种互联网软件架构。其中，REST 分别代表资源（Resources）、表现层（Representation）和状态转化（State Transfer）。它结构清晰、符合标准、易于理解、扩展方便，所以得到越来越多的网站采用，并且非常适合需要在客户端表现丰富的应用程序。Node.js 家族中属于 REST 类的框架也不少，比较出名的框架如下：

- actionHero.js（官方网址为 http://www.actionherojs.com/）。
- Frisby（官方网址为 http://frisbyjs.com/）。
- restling（官方网址为 https://github.com/lucasfeliciano/restling）。
- restify（官方网址为 http://restify.com/）。
- restmvc（官方网址为 https://github.com/keithnlarsen/restmvc.js）。
- LoopBack（官方网址为 https://strongloop.com/node-js/loopback-framework/）。
- facet（官方网址为 http://facet.github.io/platform/）。
- Raddish（官方网址为 http://getraddish.com/）。

9.1.4 其他框架

除了以上提到的三大类框架外，还有一些框架无法很好地进行分类，我们一般把它们归为单独的一个类别，主要包含中间件、开发库和静态网站的生成器等。其中，主要代表有：

- Connect（官方网址为 https://github.com/senchalabs/connect#readme）。
- Kraken（官方网址为 http://krakenjs.com/）。
- ewdGateway2（官方网址为 https://github.com/robtweed/ewdGateway2）。
- Wintersmith（官方网址为 https://github.com/jnordberg/wintersmith）。
- docpad（http://docpad.org/）。

- Blacksmith（http://blacksmith.jit.su/）。
- romulus（https://github.com/felixge/node-romulus）。

除了按照上面的方式分类之外，Node.js 的框架也经常被分为实时框架（Real-Time Framework）和非实时框架。

实时框架是指包含 WebSocket 的双向通信功能，能够在服务端和客户端做到实时通信的框架。非实时框架无法做到实时通信。

服务端和客户端自由通信的需求一直都在，由于 HTTP 协议本身的局限性而催生了 Comet 等变通的方法，即使这样也离实时相距甚远。当 Node.js 兴起后，另一个 HTML 5 技术 WebSocket 渐渐成熟。人们突然发现，实时通信一下子方便简单了。于是 WebSocket 技术在 Node.js 中得到大量的应用，其中最为知名的模块是 socket.io，而各种全栈框架也纷纷加入实时特性来应对更广阔的开发需求。目前有代表性的实时框架有 Meteor、MEAN.io、Derby、SocketStream。

目前在互联网上实时通信的应用场景并不是很多，其中大多集中于聊天室、to-do、实时图表、在线游戏等领域。其他领域使用实时特性不但没必要，而且是对服务器资源的浪费。因此，目前是否要采用实时框架要视具体的项目而定。

> 由于 Node.js 还很年轻，目前并没有 WordPress 这样比较完善的程序，因此如果在 Node.js 开发中想快速开发出自己想要的应用，框架是必然的选择。如果是某些特定类型的应用，可以尝试一些开源的程序，比如要用 Node.js 做博客，有 Hexo、Ghost 等。这一框架的完善性使其被称为 LAMP（Linux+Apache+MySQL+PHP）的接班人。

9.2　Express 框架介绍

Express 框架是 Node.js 基金会的一个项目，官方网址为 http://expressjs.com（中文网站为 http://expressjs.com/zh-cn/）。它提供了对 Node.js 原生 API 比较好的封装，从而使开发者更加容易使用 Node.js，并用来开发强壮的 Web、移动应用，以及 API 的一些其他功能。开发人员还能够方便地为它开发插件和扩展，从而增加 Express 的能力。

通过使用 Node Express，可以使用更少的代码来实现功能。至少通过使用 Node Express 可以实现中间件来响应 HTTP 请求，可以定义路由表来定义对不同请求的响应函数，还可以使用模板引擎来输出 HTML 页面。

Express.js 无疑是当前 Node.js 中最流行的 Web 应用程序框架，甚至 Sails.js 这样的流行框架也是基于 Express.js 的。

提示　Express 没有数据库的概念，留给第三方 Node 块实现，因此几乎可以接入任何数据库。

Express 的 API 有 2.x 版本、3.x 版本和 4.x 版本。其中，2.x 版本和 3.x 版本已经基本不用了，建议读者使用 API 4.x 版本，其在线文档地址为 http://expressjs.com/zh-cn/4x/api.html。下面列出一些 Express 提供的基本功能。

- 可以和任何第三方数据库进行通信。
- 可以使用任何用户认证方式。
- 可以使用任何符合 Express 接口定义的模板引擎。
- 可以按照需要定义工程目录。

对于一个 Node.js 开发新手来说，Express 还提供了如下好处：

- Express 的学习曲线并不陡峭，可以很快上手。
- Express 有非常庞大的社区和组织良好的文档。新手可以很容易得到所需要的一切。

Express 丰富的资源是其他框架无法比拟的。这也是 Express 框架的一大优势。下面列举 Express 社区的常用资源。

- 邮件发送列表：在 Google Group 中加入超过 2000 名 Express 用户的行列，浏览超过 5000 个讨论。
- Gitter：strongloop/express 聊天室是对 Express 相关的日常讨论感兴趣的开发人员的理想去处。
- IRC 频道：数百名开发人员每天参与讨论 freenode 的#express 话题。如果存在有关框架的问题，可以马上加入讨论以获得快速反馈。
- 示例：可以查看存储库中数十个 Express 应用程序示例。这些示例涵盖从 API 设计和认证到模板引擎集成的一切内容。

提示　在 Express 中，404 响应不是错误的结果，所以错误处理程序中间件不会将其捕获。此行为是因为 404 响应只是表明缺少要执行的其他工作。换言之，Express 执行了所有中间件函数和路由，且发现它们都没有响应。我们要做的只是在堆栈的最底部（在其他所有函数之下）添加一个中间件函数来处理 404 响应：

```
app.use(function(req, res, next) {
  res.status(404).send('Sorry cant find that!');
});
```

9.3　Meteor 框架介绍

　　Meteor 框架是 Node.js 最出色的全栈框架，可以说是除了 Express 之外最火的 Node.js 框架。Meteor 的项目在 GitHub 上有 28000 多的赞，拥有大量的自定义包、庞大的社区支持、非常好的教程和文档，在国内也有大量的粉丝和拥护者。在全栈框架中，Meteor 毫无疑问是王者，我们可以用它构建纯 JavaScript 的实时 Web 和手机应用。

　　无论是服务器端的数据库访问、商业逻辑实现还是客户端的展示，在 Meteor 中所有的流程都可以进行无缝连接。整个框架使用统一的 API，Meteor API 同时适用于客户端和服务器端。

　　Meteor 使用的 DDP 协议可以让我们在后端连接简单的数据库服务、企业数据仓库，甚至是 IOT 传感器。Meteor 带有自己默认的栈，又有足够的灵活性，可以让我们选择自己的技术方案。如果不需要尝试其他的框架或者没有其他的条件限制，可以直接使用默认配置进行快速的应用开发。

　　Meteor 拥有专业化的开发团队、顶级风投的大量资金支持，时刻保持业界领先。Meteor 在国内也有专门的中文社区和很多中文视频教程，非常适合初学者自学。

　　下面是 Meteor 的一些资源列表。

- Meteor 官方网站（https://www.meteor.com/）。
- Meteor 官方文档（http://docs.meteor.com/#/full/24）。
- Meteor 相关问题（http://stackoverflow.com/questions/tagged/meteor10）。
- Meteor 中文教程（http://zh.discovermeteor.com/chapters/getting-started/62）。
- Meteor 的一些包推荐（https://gentlenode.com/journal/meteor-22-the-best-meteor-packages-you-must-know-to-code-faster-than-ever/5241）。
- Meteor 中文社区（http://www.meteorhub.org/）。

9.4　其他框架

9.4.1　Sails.js

　　Sails.js（Node.js MVC）由 Mike McNeil 创建，在 MIT 协议下开源，现在由 Treeline and balderdash 提供支持。Sails 作为一个非常稳固的 Node.js 框架，提供了建立任何规模的 Web 应用所需要的所有功能。

　　Sails.js 在底层使用 Express 框架来提供对 http 请求的处理，同时使用 Socket.IO 框架来处理 WebSocket 请求。作为一个前端应用开发框架，它允许开发人员选择他们熟悉的技术来开发应用。

　　Sails.js 还通过 waterline 框架实现了 ORM 功能。通过这个功能，应用程序在不进行大的修改的前提下，可以从一个后端数据库切换到另一个后端数据库（也可以是一个 NoSQL 数据库）。

Sails 特别适合用来开发对数据的实时更新有较高要求的应用，比如多人棋类游戏、单页 Web 应用等。如果读者对 Ruby、Django 或者 Zend 有一定的了解，就非常容易理解 Sail 中的概念。

简单来说，Sails.js 既给开发者提供了一个优秀的 MVC 框架，也提供了一定的灵活性，让开发者可以自主选择前端开发方式和后端的数据库。

9.4.2 Derby.js

Derby.js（全栈框架）跟它的直接竞争对手 Meteor、Mean.io 和 Mojito 一样，也是一个全栈框架。它运行在 Node.js + Mongo + Redis 的上层。Derby 的主要部分是一个叫作 Racer 的数据同步引擎。它能够让数据在数据库、服务器和浏览器之间的同步变得轻而易举。

Racer 的确能够让基于 Derby 框架的应用运行得更快。无论是在浏览器端还是服务器端，对于单页面应用来说，它都是一个完美的选择方案。Derby 经常被用来和业界老大 Meteor 进行比较，Meteor 项目已经开发了一段时间，因而能够提供更多的开箱即用功能，使在更短的时间内开发复杂的 Web 应用变得更加容易。

Derby 更适合需要更快运行速度的应用，并且它的模块化方式能够让应用更灵活、更容易扩展。Derby 最近的发展有些缓慢，但它并没有出局，仍有改写 Node.js 全栈框架游戏规则的潜力。

9.4.3 Flatiron.js

Flatiron.js（Node.js MVC 框架）的核心思想是让你能够使用它所提供的组件以及一些第三方库构建自己的全栈框架。然而，这带来的是更高的复杂度，并有可能会被使用错误组件的开发者搞得一团糟。

Flatiron 是一个由多个相互独立的组件松散地组建起来的全栈 MVC 框架。它支持 Director，这是一个从头到脚都使用 JavaScript 搭建起来的，并不需要任何依赖项的 URL 路由组件。

通过 Plates 模板引擎，Flatiron 能够支持模板语言，然而数据管理是通过 JSON 实现的，并能与任何一种数据库一起使用。Flatiron 现在由 Nodejitsu 以及其他的社区成员进行维护，并且做得相当不错，是一个不那么流行却值得一看的框架。

9.4.4 Hapi

Hapi 是为数不多的不依赖于 Express 的 Node.js 框架，现在甚至已经完全独立于 Express 了。在最近一段时间，很多开发者选择 Hapi，而非 Express，这使得 Hapi 或多或少成为 Express 的竞争对手。

Hapi 在众多 Node.js 框架中并非一个老牌选手，然而它却成功地在这当中创造了自己的一个生态圈。Hapi 致力于完全分离 node HTTP 服务器、路由以及业务逻辑，并更多地聚焦于如何尽可能通过配置而非代码来控制。

Hapi 最初是由 Eran Hammer 在 Walmart labs 的团队为了工作需要而开发的。其后便很快受到欢迎，现在已经在 MIT 许可下成为一个开源的框架，能够免费地被下载和使用。

迪士尼、雅虎、Pebble、beats 音乐以及 Walmart 这样的公司都在使用 Hapi 作为一个或多个项目的网络应用框架。Hapi 的影响力可见一斑。

9.4.5　Mean.IO

Mean 是 Mongo DB、Express、Angular 和 Node.js 捆绑在一起的组合。基本上可以说只要有 Mean，你就拥有了数据库层、服务器端和网页前端的整套工具，足以开发所有类型的现代网络应用。

Mean 是一个完整独立的包，涵盖应用开发的所有方面，尤其适合那些需要快速开始开发的人。它内置多种技术，而且在联合使用时表现非常好，可以用于创建任意大小和复杂度的应用。

使用 Mean，开发者可以避免经历混合和匹配不同的技术栈。通过 Mean 栈可以减少安装和配置 MongoDB、Express、Angular 和 Node.js 需要的时间。Mean.io 的另一个巨大好处是所有的栈都使用 JavaScript。

 Mean.js 是 Mean 的一个分支，Mean.js 已经成为一个独立的 Node.js 框架，并且相当流行。

9.4.6　Mojito

Mojito 由 Yahoo 开发并迅速取得成功，只是很快就带着关于框架的空前成功坐到了冷板凳，就像 Meteor 和 Mean stack 那样。

Mojito 同样是一个 MVC 应用框架，非常适合创建使用 HTML 5、JavaScript 和 CSS 3 的高性能网络和手机应用。Mojito 的根本目标是提供一个框架，用于构建标准的基于跨平台的应用，使之可以同时运行在客户端和服务器端并实现高性能。

9.4.7　Socket Stream

Socket Stream 是一个专注于客户端和服务端数据的快速同步的实时框架，致力于前后端数据的实时更新。它最大的特点是不严格要求使用指定的客户端技术，也不限定数据库的 ORM。它更适合做单页 Web 应用、多用户游戏、聊天客户端、网络应用、交易平台以及所有需要将数据从服务端实时推送到客户端的应用。

服务端和客户端使用 JSON 来传输数据，比较理想的是使用 WebSockets 在服务端事件发生时自动将数据推送到客户端。Socket Stream 由 Owen Barnes 创建，现由 Paul Jensen 和其团队维护。

Socket Stream 获得了很好的发展,其他类似的优秀框架还有 total.js、Geddy.JS、Locomotive、compound 和 Restify。

9.4.8　Bearcat

Bearcat 是网易 pomelo 项目团队开发的一个基于 POJOs 进行开发的应用层框架。Bearcat 提供了一个轻量级的容器来编写简单、可维护的 Node.js。Bearcat 提供了一个基础的底层来管理应用逻辑对象,使开发者可以把精力放在应用层的逻辑编写上。核心 Beans 模块提供容器的基础部分,包含 IoC 容器和依赖注入。BeanFactory 是一个复杂的工厂(factory)模式实现。Bearcat 去除了手动编写单例,允许实际程序逻辑从配置和依赖的管理中解耦,网址为 http://github.com/bearcatjs/bearcat。

9.5　如何选择适合自己的框架

当开发应用程序时,需要选择整合各种工具、库和框架到应用程序中。在面对这么多 Node.js 框架的时候,可能一时有点不知所措,尤其是在不熟悉它们的时候,并且这些框架和技术每天都在不断地更新。

在某些情况下,选择最流行和广受好评的工具是比较容易的,只需要在 GitHub 查看一下热度就能了解。然而不总是这样。在很多时候,有多个框架同时都适合基本需求,并且都有各自的长处。同时,开发者还要考虑和旧系统的兼容性以及项目以后的发展方向等因素。

9.5.1　选择框架时的考虑事项

选择框架的时候一般需要考虑以下几点 :

(1)实用性。与项目需求的结合度是否充分,例如当前需要的是 UI 框架,就不应该找网络方面的东西,反之需要一个图片加载内存优化的框架,也不可能去找一个多线程下载的框架。例如,考虑一个 XML 解析库,它应该可以创建一个 DOM,然后返回一个组织良好的错误列表。

(2)兼容性。一个框架可能使用的技术非常新颖,但是它是否会与其他正在使用的库产生不兼容呢?这种冲突在 JS 开发中经常发生。例如,你可能会使用 Prototype 作为 JS 框架,但是当你寻找内嵌的 HTML 编辑器时,需要检查它们是否与现有的 Prototype 版本兼容。如果想继续使用之前用过的 JavaScript 库,就需要查看这个库是否在新的框架能够兼容。

(3)扩展性。对于任何解决实际问题的框架来说,你将或多或少地需要定制或者扩展它。在 Java 中,可以通过接口来完成。我们回头看 XML 解析器的问题,可以通过实现特殊的接口并提供给解析器来创建一个自定义的错误处理。这种类型的定义是非常直接的,在大多数框架中也是可行的。另一种扩展是使用插件。虽然不同应用程序定义插件的方式不同,但是一般来说总是将代码"丢"到一个预先定义的方法中。例如，一些内嵌的 HMTL 编辑器允许把 JS 代码放到一个特定的目录。这段代码必须符合某些规范，就像实现 Java 接口一样。插件是一个有趣的模型，可以让你创建原始框架所不具备的特性。这种方式是非常强大的。

（4）成熟度。需要考虑框架的代码是否便于商用开发、技术是否相对成熟、是否能够长期稳定地发展。如果是开源的框架，就需要考虑所使用的开源协议对商业项目是否友好、开源协议有没有感染性等。

（5）资源及易用性。这样方便上手，也容易在团队中推广使用。好的框架一般都会有一个比较好的社区支持，出了问题能够方便地找到解决方案，能够让开发者持续维护并及时解决 Bug。这样就能够节省团队中维护框架的成本。成熟的框架总是比新的竞争者有更多的帮助资源。社区论坛、邮件列表、博客，甚至像 StackOverflow 这样的站点都提供了丰富的帮助资讯。要知道你调查的框架是否有活动的社区、邮件列表、StackOverflow 的权威回复，能够回答关于框架的大量问题。在学习一个新工具的过程中，寻找帮助和样例代码总是极为重要的。看博客也非常有帮助，因为它会告诉你谁在谈论这个框架。

（6）可定制化。框架能够自己进行定制和修改。随着应用程序开发的不断深入，这样可以满足应用程序更加复杂的要求，让项目不受制于原有框架的局限性，能够更加灵活。

9.5.2　选择框架的建议

下面针对各种不同类型的应用开发给出一些框架选择的建议。

（1）简单 Web 开发：框架选择 Express + EJS + Mongoose/MySQL

通常用 Node.js 做 Web 开发，需要 3 个框架配合使用，就像 Java 中的 SSH。Express 是轻量灵活的 Node.js Web 应用框架。EJS 是一个嵌入的 JavaScript 模板引擎，通过编译生成 HTML 代码。Mongoose 作为 MongoDB 的对象模型工具，通过 Mongoose 框架可以进行访问 MongoDB 的操作。MySQL 是连接 MySQL 数据库的通信 API，可以进行访问 MySQL 的操作。

（2）聊天室（IM）：框架选择 Express + socket.io

socket.io 是一个基于 Node.js 架构体系、支持 WebSocket 协议、用于实时通信的软件包。socket.io 给跨浏览器构建实时应用提供了完整的封装，完全由 JavaScript 实现。

（3）爬虫：框架选择 Cheerio/Request

Cheerio 是一个为服务器特别定制的快速、灵活、封装 jQuery 核心功能的工具包。Cheerio 包括 jQuery 核心的子集，从 jQuery 库中去除了所有 DOM 不一致性和浏览器不兼容的部分，揭示了它真正优雅的 API。Cheerio 工作在一个非常简单、一致的 DOM 模型之上，解析、操作、渲染都变得难以置信的高效。基础的端到端的基准测试显示 Cheerio 大约比 JSDOM 快 8 倍（8x）。

（4）博客系统：框架选择 Hexo

Hexo 是一个简单、轻量、基于 Node 的静态博客框架，甚至可以媲美 WordPress。通过 Hexo 可以快速创建自己的博客，仅需要几条命令就可以完成。发布时，Hexo 既可以部署在自已的 Node 服务器上面，又可以部署在 GitHub 上面。基于 GitHub 的个人站点逐渐流行起来。对于个人用户来说，部署在 GitHub 上好处颇多，不仅可以省去服务器的成本，还可以减少各种系统运维的麻烦（系统管理、备份、网络）。

（5）论坛：框架选择 Node Club

Node Club 是用 Node.js 和 MongoDB 开发的新型社区软件，界面优雅，功能丰富，小巧迅速，已在 Node.js 中文技术社区 CNode（见图 9.2）得到应用。我们完全可以用它搭建自己的社区。

图 9.2　CNode 页面

（6）控制台工具：框架选择 tty.js

tty.js（见图 9.3）是一个支持在浏览器中运行的命令行窗口，基于 Node.js 平台，依赖 socket.io 库，通过 WebSocket 与 Linux 系统通信。tty.js 的特性是支持多 Tab 窗口模型、支持 vim 语法、支持 xterm 鼠标事件、支持 265 色显示、支持 session。

图 9.3　tty.js 页面

（7）在线游戏：框架选择 Pomelo

Pomelo 是基于 Node.js 的高性能、分布式游戏服务器框架，包括基础的开发框架和相关的扩展组件（库和工具包），可以省去游戏开发中枯燥的重复劳动和底层逻辑的开发。

Pomelo 的设计初衷是游戏服务器。不过在设计、开发完成后发现 Pomelo 是一个通用的分布式实时应用开发框架。它的灵活性和可扩展性使 Pomelo 框架有了更广阔的应用范围。凭借强大的可伸缩性和灵活性，Pomelo 在很多方面甚至超越了现有的开源实时应用框架。

Web 和应用开发的变化是非常快的，对大多数开发人员来说，选择一个合适的框架依然是非常困难的。使用 Node 框架可以让应用程序迅速构建起来，而不用过多地考虑底层设计，开发人员可以关注扩展应用程序，而不是重复地制造已有的轮子。Node 框架提供了多种特性使得可以在不同的层面连接资源、创建页面、解决构建实时的常见问题。

9.6　温故知新

学完本章后，读者需要回答：

1. Node.js 的框架分为几大类，每个类别有哪些突出代表？
2. 在选择 Node.js 框架的时候有哪些原则和注意事项？
3. 实时框架和非实时框架分别适用于开发哪些应用？

第 10 章

◀ Node.js单元测试与新增特性 ▶

单元测试又称为模块测试，保证了程序中最小可用单元的可用性。在大型的软件合作开发中，单元测试显得更加重要。

通过本章的学习可以掌握以下内容：

- 使用 Mocha 进行单元测试。
- 了解 Node.js 的原生测试模块。
- 了解 Should.js 库的使用。
- 了解 Node.js V10 版本的新增特性。

10.1 单元测试介绍

单元测试是指对软件中的最小可测试单元进行检查和验证，因此又称为模块测试。在 Node.js 中，单元测试往往是针对某个函数或者 API 进行正确性验证，以保证代码的可用性。这在团队开发中显得尤其重要，因为团队成员并不了解其他成员代码的写法以及可用性。通过单元测试，既保证了单个成员所写代码的可用性，又可以让其他成员通过测试内容了解其函数或者 API 的使用。

单元测试有许多风格，常见的风格有行为驱动开发（BDD）和测试驱动开发（TDD）。

- 行为驱动开发是一种敏捷软件开发的技术，鼓励软件项目中的开发者、QA 和非技术人员或商业参与者之间的协作。也就是说，行为驱动开发关注的是整个系统最终的实现是否与用户期望一致。
- 测试驱动开发是一种软件开发过程中的应用方法，最早在极限编程中倡导，基本思想是先写测试程序，然后编码实现功能。测试驱动开发的目的是取得快速反馈，使所有功能都是可用的。

10.2 使用单元测试模块 Mocha

Mocha 是一款功能非常丰富的 JavaScript 单元测试框架，也是目前 Node.js 开发中最常用的一款单元测试工具。Mocha 同时支持异步和同步的测试，既可以运行在 Node.js 环境中，也可以运行在浏览器环境中。

10.2.1　Mocha 介绍

Mocha 是现在最流行的 Node.js 单元测试框架，官方网站地址为 http://mochajs.org/，GitHub 地址为 https://github.com/mochajs/mocha。Mocha 官方网站页面如图 10.1 所示。

图 10.1　Mocha 官方网站页面

从 Mocha 的官方网站中可以了解到 Mocha 不仅可以运行在 Node.js 环境中，还可以运行在浏览器中。同时，Mocha 功能丰富，支持 TDD、BDD 和 export 风格的测试，并且支持异步和同步的测试，基本上能够满足 Node.js 所有单元测试的需求。

使用 Mocha 模块前首先需要通过 NPM 安装这个模块：

```
npm install mocha -g
```

或者不需要全局安装，仅作为项目的依赖安装：

```
npm install mocha -S
```

下面做一个简单的测试，创建一个名为 index.js 的文件，在这个文件中写入一个计算各个参数之和的函数。

```
function add() {
  if(arguments.length > 0) {
  /*将所有的参数转化为数组求和*/
  return [].slice.call(arguments).reduce(function(a,b) {
    return a + b;
  })
  }else {
  return 0;
```

```
  }
}

/*导出模块*/
module.exports ={
  add: add
};
```

接着对这个函数进行测试，在同级目录下创建一个名为 test.js 的文件，将上述函数引入后进行测试，写入以下代码：

```
/*引入需要测试的模块*/
var lib = require('./index');

/*测试描述*/
describe('Math', function() {
 describe('#add()', function() {
   it('should return 10', function() {

   /*运行方法*/
     lib.add(5,5);
   })
 })
});
```

【代码说明】

● describe(moduleName, testDetails)：描述将要测试的模块。例如，上述代码就是测试 Math 模块下的 add()方法，这个方法可以嵌套。

● it(info, function)：测试语句放在回调函数中，info 是正确输出时的简单语句描述。一个 it 对应一个实际的可能情况。

在这个文件目录下，使用命令行运行以下命令：

```
mocha test
```

test 运行之后的结果如图 10.2 所示。

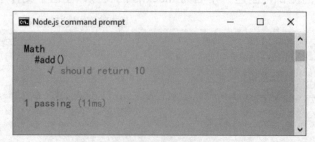

图 10.2 测试结果

不过此时仍然存在一个问题，就是上面只是运行了代码，并没有对结果进行检查。例如，对 add() 函数传入其他参数，依旧会得到一样的结果：

```
/*引入需要测试的模块*/
var lib = require('./index');

/*测试描述*/
describe('Math', function() {
  describe('#add()', function() {
    it('should return 10', function() {

    /*运行方法*/
      lib.add(3,3);
    })
  })
});
```

测试结果如图 10.3 所示。

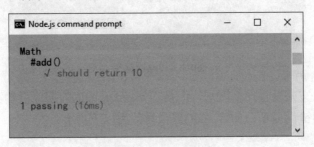

图 10.3　测试结果

对结果进行检查就要用到断言库。Node.js 中自带了一个断言库 assert，对 add 函数进行断言测试可以使用 assert.equal() 方法。现将 text.js 文件中的代码修改如下，并重命名为 assert.js 文件：

```
/*引入需要测试的模块*/
var lib = require('./index');

/*引入断言模块*/
var assert = require('assert');

/*测试描述*/
describe('Math', function() {
  describe('#add()', function() {
    it('should return 10', function() {

    /*测试断言*/
      assert.equal('10',lib.add(5,5));
```

```
  });

  /*测试断言*/
  it('should return 0', function() {
    assert.equal('0', lib.add());
  })
 })
});
```

在这个文件目录下，使用命令行运行以下命令：

```
mocha test
```

test 运行之后的结果如图 10.4 所示。

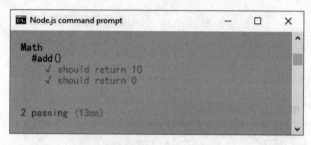

图 10.4　测试结果

此时看上去和上文并没有什么区别，但是当 assert.equal() 的期望值和实际值不一致时，将可以在控制台中看到错误提示，如将 add() 参数修改为以下内容：

```
/*引入需要测试的模块*/
var lib = require('./index');

/*引入断言模块*/
var assert = require('assert');

/*测试描述*/
describe('Math', function() {
 describe('#add()', function() {
   it('should return 10', function() {
   /*测试断言*/
     assert.equal('10',lib.add(5,5,5));
   });

   it('should return 0', function() {
   /*测试断言*/
     assert.equal('0', lib.add());
   })
 })
});
```

再次运行代码将提示一个断言出错，如图 10.5 所示。

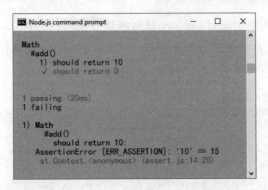

图 10.5　断言出错

assert 模块的主要方法有以下几个：

● assert.equal()

● assert.notEqual()

● assert.fail()

● assert.deepEqual()

● assert.notDeepEqual()

有关具体方法的使用，读者可以查阅相关的书籍、文档等资料。

读者在这里有必要了解一下 Mocha 测试框架常用的命令。

● 通过 mocha -h 或者 mocha --help 可以查看所有的命令信息，如图 10.6 所示。

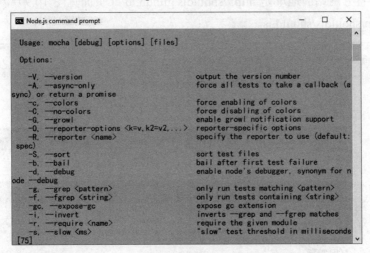

图 10.6　输入 mocha --help 命令的查询结果

● 通过 mocha -V 或者 mocha --version 可以查看 Mocha 的版本，如图 10.7 所示。

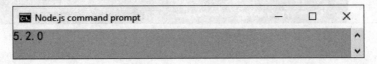

图 10.7　Mocha 的版本

- 通过 mocha -c 或者 mocha --colors 强制测试时使用颜色标记，此时通过的测试将为绿色字体，未通过的测试将为红色字体。例如，对前面的 test.js 文件使用这个命令将得到如图 10.8 所示的结果。

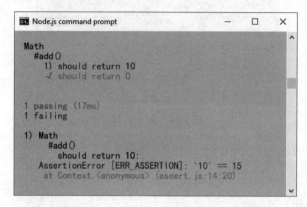

图 10.8　带颜色的测试结果（彩图见下载资源）

- 通过 mocha -C 或者 mocha --no-colors 强制测试时不使用颜色标记，对应上面的命令。

10.2.2　使用断言库 should.js

在上文中，我们使用 Node.js 中原生的断言模块 assert 来做单元测试时结果的判断。不过原生的 assert 模块功能有限，这里介绍另一款流行的断言库——should.js。should.js 是一个 BDD 测试的断言库，官方网站的地址是 http://shouldjs.github.io/（页面见图 10.9），GitHub 地址是 https://github.com/shouldjs/should.js。

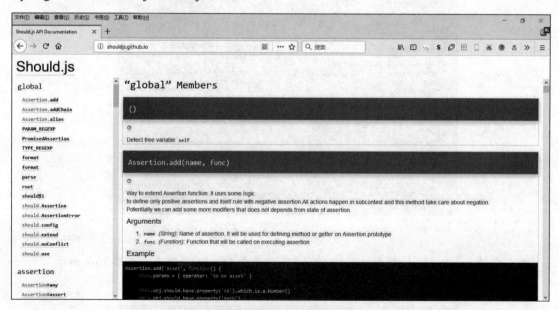

图 10.9　should.js 官方网站页面

使用 should.js 断言库前首先需要通过 NPM 安装这个模块：

```
npm install should --save-dev
```

安装完成后通过 require()方法引入：

```
var should = require('should');
```

使用 should.js 改写原生 Node.js 的 assert 模块测试，代码如下：

```
/*引入需要测试的模块*/
var lib = require('./index');

/*引入断言模块*/
var assert = require('assert');

/*测试描述*/
describe('Math', function() {
  describe('#add()', function() {
    it('should return 10', function() {
      lib.add(5,5,5).should.be.equal(15);
    });

    it('should return 0', function() {
      lib.add().should.be.equal(0)
    })
  })
});
```

使用命令行工具运行以下命令，发现测试结果符合预期：

```
mocha test.js -c
```

有时测试中并不需要明确的返回结果，只需要测试返回的数据类型。这点利用 should.js 同样可以做到。将 index.js 的内容修改为以下代码：

```
/*object 类型判断函数*/
function objType(ele) {
    if(typeof ele === 'object'){
    return {}
  } else {
    return false
  }
}

/*导出函数*/
module.exports ={
  objType: objType
};
```

这段代码非常简单，利用 typeof 检测参数的类型，从而返回不同的值。

使用 test.js 文件对这个方法的返回值的数据类型进行测试，将 test.js 文件的代码修改为以下代码：

```
/*引入需要测试的模块*/
var lib = require('./index');

/*引入断言模块*/
var assert = require('assert');

/*测试描述*/
describe('Type', function() {
  describe('#objType()', function() {
    it('object should return an object', function() {
      should(lib.objType({name:'king'})).be.a.Object();
    });

    it('date should return an object', function() {
      should(lib.objType(new Date())).be.a.Object();
    });

    it('reg should return an object', function() {
      should(lib.objType(/^a/)).be.a.Object();
    });
  })
});
```

以上代码测试一个普通对象、一个 Date 对象、一个正则表达式作为参数时的返回值。在命令行中运行以下命令：

```
mocha test.js -c
```

可以看到测试代码如期运行，如图 10.10 所示。

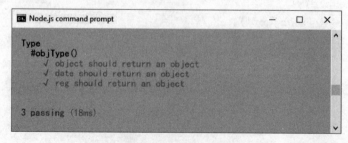

图 10.10　测试代码如期运行

10.2.3　测试异步方法

使用 Mocha 测试异步方法非常简单，在完成一个异步方法的测试之后调用一个回调函数即可。例如，将 index.js 文件中的方法修改为一个异步方法：

```
function async(callback){
    setTimeout(function() {
    console.log('async');
    callback();
  }, 100)
}

module.exports ={
  async: async
};
```

将 test.js 文件内容修改为对异步方法的测试，代码如下：

```
/*引入需要测试的模块*/
var lib = require('./index');

/*引入断言模块*/
var assert = require('assert');

/*测试描述*/
describe('Async', function() {
  describe('#setTimeout()', function(){
    it('should wait 100ms', function(done) {
      lib.async(done);
    })
  })
});
```

运行 mocha test.js -c 命令，可以看到这个异步方法通过了测试，如图 10.11 所示。

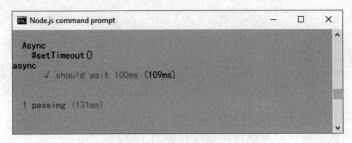

图 10.11　测试异步方法

10.2.4 路由测试

在开发中往往需要对后端的 API 接口进行测试，Mocha 本身并没有集成对路由 API 的测试支持，此时需要借助 supertest 库进行测试。当然，使用 supertest 时需要先使用 NPM 进行安装：

```
npm install supertest --save-dev
```

supertest 支持各个框架。这里以 Express 为例，通过 NPM 安装完 Express 后新建一个名为 app.js 的文件，写入以下内容：

```
var express = require('express');
var app = express();

/*定义get方法/user时返回一个json数据*/
app.get('/user', function(req, res) {
  res.status(200).json({name: 'username', password: 'password'});
});

module.exports = app;
```

这里通过 Express 设定了一个返回 json 格式的/user 路由，通过一个 get 请求就可以获取用户的姓名和密码，这在实际开发中是非常常见的情景。

将 test.js 的文件修改为使用 supertest 测试的内容，代码如下：

```
var app = require('./app');
/*引入supertest*/
var request = require('supertest');

describe('GET /user', function() {
  it('should an name with password', function(done) {
    request(app)
      .get('/user')
      .expect('Content-Type', 'application/json; charset=utf-8')
      .expect(200,{
        name:'username',
        password: 'password'
      }, done)
  })
})
```

通过 mocha 测试之后可以发现测试通过，如图 10.12 所示。

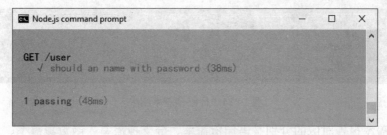

图 10.12　API 测试通过

当测试没有通过时，supertest 同样会在命令行中提示用户。例如，将上文中测试内容的返回值 username 修改为 name，可以发现命令行将会出现相应的提示，如图 10.13 所示。

```
Node.js command prompt                                    —    □    ×

GET /user
  1) should an name with password

0 passing (58ms)
1 failing

1) GET /user
     should an name with password:

   Error: expected { name: 'name', password: 'password' } response body
, got { name: 'username', password: 'password' }
   + expected − actual

    {
  -  "name": "username"
  +  "name": "name"
     "password": "password"
    }

   at error (node_modules\supertest\lib\test.js:301:13)
   at Test._assertBody (node_modules\supertest\lib\test.js:205:14)
   at Test._assertFunction (node_modules\supertest\lib\test.js:283:11)
   at Test.assert (node_modules\supertest\lib\test.js:173:18)
   at Server.localAssert (node_modules\supertest\lib\test.js:131:12)
   at emitCloseNT (net.js:1666:8)
   at process._tickCallback (internal/process/next_tick.js:63:19)
```

图 10.13　API 测试不通过

10.2.5　测试覆盖率

在进行单元测试的时候，我们还需要关注测试时的代码覆盖率。覆盖率一般包含行覆盖率、函数覆盖率、分支覆盖率、语句覆盖率 4 个维度。在 Node.js 中可以使用 Istanbul 工具作为代码覆盖率工具，使用 Istanbul 之前同样需要使用 NPM 进行安装：

```
npm install -g istanbul
```

对某个文件进行测试时，直接使用 istanbul cover 命令即可，如文件为 index.js：

```
istanbul cover index.js
```

运行完成之后可以看到命令行中已经显示了相应的覆盖率，如图 10.14 所示。

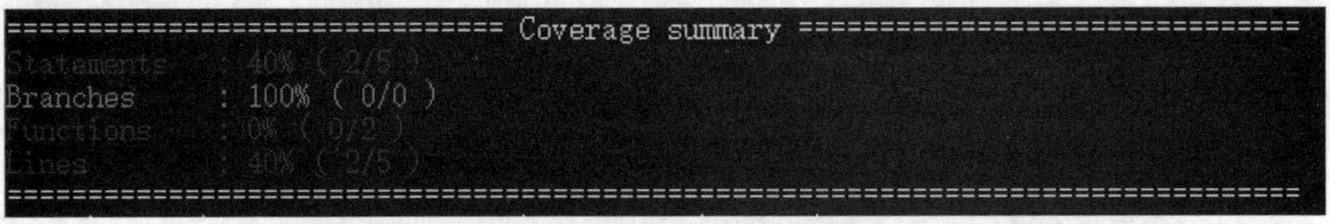

=============================== Coverage summary ===============================
Statements : 40% (2/5)
Branches : 100% (0/0)
Functions : 0% (0/2)
Lines : 40% (2/5)
==

图 10.14　代码覆盖率结果

这里的覆盖率报告对应的分别是语句覆盖率、分支覆盖率、函数覆盖率、行覆盖率。从这里可以看到测试覆盖率的相应结果。

在测试的时候，同时结合 mocha 和 istanbul 就可以实现代码的全面测试。实现起来非常简单，使用以下命令即可：

```
istanbul cover _mocha
```

运行完这段命令之后可以在命令行中同时进行 mocha 的测试和查看代码覆盖率，如图 10.15 所示。

Async
#setTimeout()
async
should wait 100ms
passing (130ms)
PS F:\github\The-book-of-Node.js\chapter 12\source> istanbul cover node_modules/mocha/bin/_mocha
Writing coverage object [F:\github\The-book-of-Node.js\chapter 12\source\coverage\coverage.json]
Writing coverage reports at [F:\github\The-book-of-Node.js\chapter 12\source\coverage]
=============================== Coverage summary ===============================
Statements : 100% (12/12)
Branches : 100% (0/0)
Functions : 100% (5/5)
Lines : 100% (12/12)

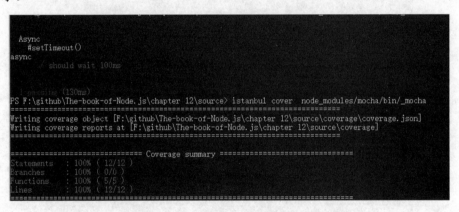

图 10.15　代码测试与覆盖率结果

这条命令同时生成了一个名为 coverage 的子文件夹。在这个文件夹下的 coverage.json 文件包含覆盖率的原始数据，同时在这个文件夹下的 lcov-report 文件夹下的文件是可以在浏览器中打开的覆盖率报告。覆盖率报告包含详细的说明，如图 10.16 所示。

100% Statements 12/12
100% Branches 0/0
100% Functions 5/5
100% Lines 12/12
File
Statements
Branches
Functions
Lines
source/
100% 12/12 100% 0/0 100% 5/5 100% 12/12
81.25% Statements 13/16
50% Branches 1/2
83.33% Functions 5/6
81.25% Lines 13/16
File
Statements
Branches
Functions
Lines
source/
81.25% 13/16 50% 1/2 83.33% 5/6 81.25% 13/16

图 10.16　覆盖率报告

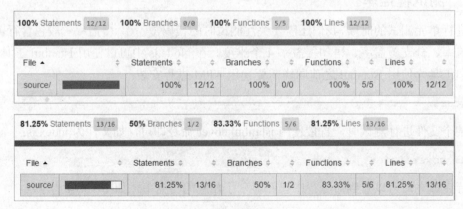

10.2.6　使用 Travis-cli

Travis-cli 是一个在线的、分布式的持续集成服务，可以用来构建和测试在 GitHub 上托管的代码，在项目的自动测试中非常有用。使用 Travis-cli 时，首先需要在 Travis-cli 官方网站使用 GitHub 登录。Travis-cli 官方网站的网址是 https://travis-ci.org/，如图 10.17 所示。

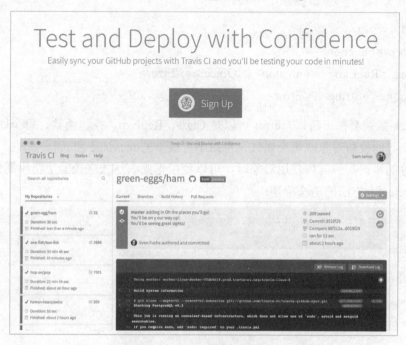

图 10.17　Travis-cli 官方网站页面

使用 GitHub 账号登录之后，就可以选择需要打开 Travis-cli 的 GitHub 仓库。Travis-cli 会把项目默认当作 Ruby 项目，因此 Node.js 项目需要在根目录下加入.travis.yml 文件，并通过这个文件来对项目进行描述：

```
language: node_js
node_js:
 - "0.12"
```

配置完.travis.yml 文件以后，在每次提交的时候就可以进行自动构建了。

10.3　Node.js v10 中实现异步请求的单元测试

通常，在使用 Node.js 原生的断言模块 assert 判断函数预期错误时，会用到 throws() 方法做单元测试。但是，throws() 方法对于异步请求操作没有提供很好的支持，这是 Node.js 早期版本中功能不完善的地方。

因此，该功能在 Node.js v10 版本中得到了完善，新版本中增加了一个 rejects() 方法实现了对异步请求操作进行单元测试的支持。从语法上来看，throws()方法和 rejects()方法好比是一对孪生兄弟，只不过 rejects()方法增加了对 Promise 对象的支持。

下面是 throws()方法的语法描述：

```
assert.throws(block[, error][, message])
```

参数说明：

● block：<Function>
● error：<RegExp> | <Function> | <Object> | <Error>
● message：<string> | <Error>

断言 block 函数会抛出错误。error 可以是 Class、RegExp、校验函数、每个属性都会被测试是否深度全等的校验对象或每个属性（包括不可枚举的 message 和 name 属性）都会被测试是否深度全等的错误实例。当使用对象时，可以使用正则表达式来校验字符串属性。

下面是 rejects()方法的语法描述：

```
assert.rejects(block[, error][, message])
```

参数说明：

● block：<Function> | <Promise>
● error：<RegExp> | <Function> | <Object> | <Error>
● message：<string> | <Error>

等待 block 的 Promise 完成，如果 block 是一个函数，就立即调用该函数并等待返回的 promise 完成，然后检查 promise 是否被 reject。

若 block 是一个函数且同步地抛出一个错误，则 assert.rejects()会返回一个被 reject 的 Promise 并传入该错误。若该函数没有返回一个 promise，则 assert.rejects()返回一个被 reject 的 Promise 并传入 ERR_INVALID_RETURN_VALUE 错误。以上两种情况都会跳过错误处理函数。

下面做一个简单的测试，创建一个名为 throws.js 的文件，在这个文件中写入一个简单的单元测试。

```
/*引入断言模块*/
var assert = require('assert');

/* assert throws */
assert.throws(
   (function () {
      throw new Error("错误信息");
   }()),
   Error
);
```

【代码说明】

- throws()方法的 block 参数定义为一个自执行函数，在函数内定义了一个抛出错误信息的语句。
- throws()方法的 error 参数定义为一个 Error 对象。

在这个文件目录下，使用命令行运行以下命令：

```
node throws.js
```

运行之后的结果如图 10.18 所示。

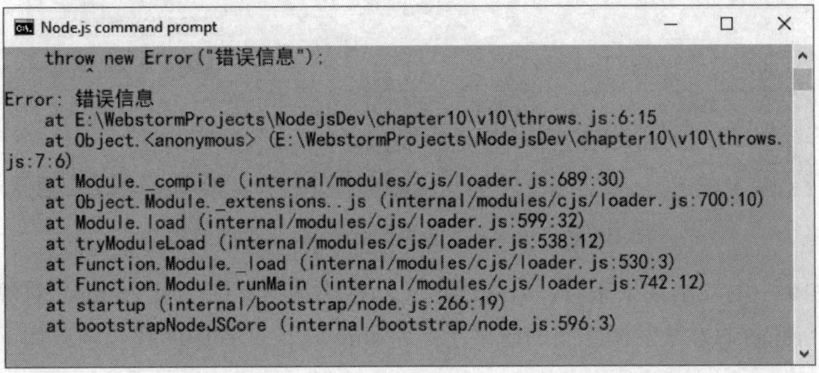

图 10.18　throws()方法的测试结果

为了实现异步请求操作的单元测试，下面尝试一下将 throws()方法的 block 参数定义为一个 Promise 对象。

```
/*引入断言模块*/
var assert = require('assert');

/* Promise */
var p = new Promise(function (resolve, reject) {
    //做一些异步操作
    setTimeout(function () {
        console.log('执行完成');
        resolve('随便什么数据');
    }, 2000);
});

p.then(function (data) {
    console.log(data);
});

/* assert throws */
assert.throws(
    p,
```

```
    Error
);
```

运行之后的结果如图 10.19 所示。

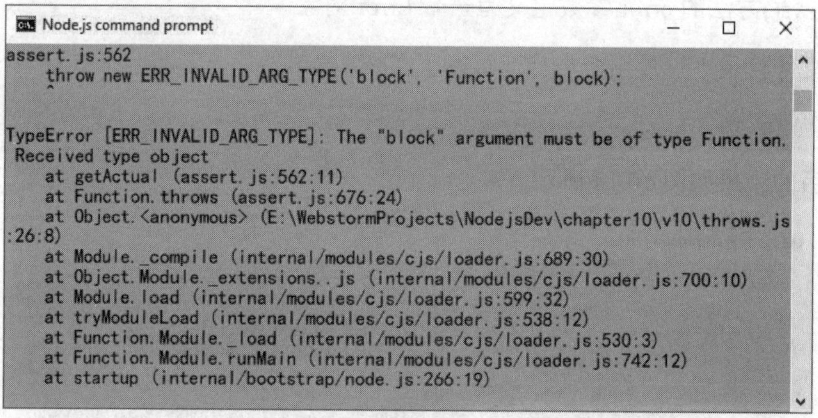

图 10.19　throws()方法测试 Promise 对象的结果

从图 10.19 中的输出结果来看，assert.throws()方法是不支持使用 Promise 对象的。下面是新增的 assert.rejects()方法发挥作用的时候了。将 throws.js 文件中的代码修改如下，并重命名为 rejects.js 文件：

```
/*引入断言模块*/
var assert = require('assert');

/* Promise */
var p = new Promise(function (resolve, reject) {
    //做一些异步操作
    setTimeout(function () {
        console.log('执行完成');
        resolve('随便什么数据');
    }, 2000);
});

p.then(function (data) {
    console.log(data);
});

/* assert throws */
assert.rejects(
    p,
    Error
);
```

在这个文件目录下，使用命令行运行以下命令：

```
node rejects.js
```

运行之后的结果如图 10.20 所示。

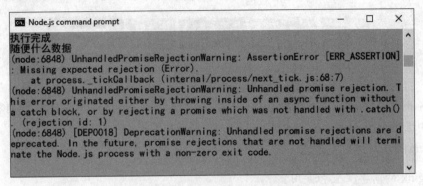

图 10.20　rejects()方法的测试结果

从图 10.20 输出的结果来看，异步方法 setTimeout()中的定义语句全部得到了输出，说明 assert.rejects()方法完美地支持了异步 Promise 对象。

10.4　温故知新

学完本章后，读者需要回答：

1. 单元测试的意义是什么？
2. Node.js 单元测试的简单使用。
3. Mocha 的简单使用。
4. assert 断言模块新增 rejects()方法的使用。

第 11 章
◀ 其他应用部署相关 ▶

Node.js 的知识在前面基本已经介绍完毕，本章将介绍 Node.js 有关的其他内容，包括与 Node.js 应用部署有关的 Nginx 与 PM2，以及 Facebook 新推出的包管理器 Yarn。

通过本章的学习可以掌握以下内容：

- Nginx 的简单配置和使用。
- PM2 模块守护进程的使用。
- Yarn 作为新一代包管理器的优势以及使用。

11.1 使用 Nginx

Nginx 是一个开源、高效、高性能的 HTTP 和反向代理服务器。Nginx 是由一位俄罗斯的程序员设计开发的，并且源代码以 BSD 许可证形式发布。Nginx 凭借高稳定性、丰富的功能集、示例配置文件和低系统资源的消耗而闻名。在高连接并发的情况下，Nginx 是不错的 Apache 替代品，目前国内的大型互联网公司都部署了 Nginx，如腾讯、新浪、网易、阿里巴巴等。

Nginx 可以作为负载均衡服务器。Nginx 既可以在内部直接支持 Rails 和 PHP 程序对外进行服务，也可以作为 HTTP 代理服务器对外进行服务。Nginx 采用 C 语言编写，不论是系统资源开销还是 CPU 使用效率都要比 Perlbal 好得多。同时，Nginx 也是一款非常优秀的邮件代理服务器。

Nginx 的官方网站地址为 http://nginx.org/，页面如图 11.1 所示。

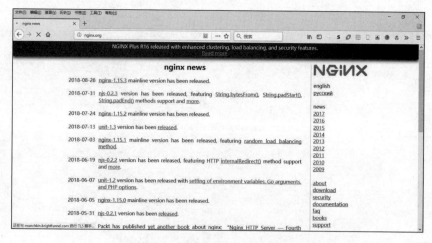

图 11.1　Nginx 官方网站页面

Nginx 支持各大操作系统，下面介绍其安装方法。

11.1.1 在 Linux 下安装 Nginx

在 Linux 下安装 Nginx 需要注意的是，在下载安装前要下载和安装相应的编译工具和库文件。

（1）安装编译工具和库文件：

```
yum -y install make zlib zlib-devel gcc-c++ libtool  openssl openssl-devel
```

（2）下载 PCRE library 库：

```
wget http://downloads.sourceforge.net/project/pcre/pcre/10.32/pcre-10.32.tar.gz
```

（3）解压：

```
tar zxvf pcre-10.32.tar.gz
```

（4）安装：

```
cd pcre-10.32
./configure
make && make install
```

（5）下载 Nginx：

```
wget http://nginx.org/download/nginx-1.15.3.tar.gz
```

（6）安装 Nginx：

```
./configure--prefix=/usr/local/webserver/nginx--with-http_stub_status_module--
with-http_ssl_module--with-pcre=/usr/local/src/pcre-10.32
make instal
```

（7）进入相应的目录执行 Nginx 可执行文件。

11.1.2 在 Windows 下安装 Nginx

在 Windows 下只需要下载解压即可使用，下载地址为 http://nginx.org/en/download.html。运行 nginx.exe 即可启动服务，在浏览器中打开可以看到如图 11.2 所示的页面，说明 Nginx 已经运行起来了。

图 11.2　Nginx 运行成功页面

11.1.3　Nginx 的配置

要运行网站，还需要对 Nginx 做一些配置。在 nginx 文件夹的 conf 子文件夹下的 nginx.config 文件就是 Nginx 的配置文件，内容如下：

```
#user  nobody;
worker_processes  1;

#error_log  logs/error.log;
#error_log  logs/error.log  notice;
#error_log  logs/error.log  info;

#pid        logs/nginx.pid;
events {
    worker_connections  1024;
}
http {
    include       mime.types;
    default_type  application/octet-stream;

    #log_format  main  '$remote_addr - $remote_user [$time_local] "$request" '
    #                  '$status $body_bytes_sent "$http_referer" '
    #                  '"$http_user_agent" "$http_x_forwarded_for"';

    #access_log  logs/access.log  main;

    sendfile        on;
    #tcp_nopush     on;

    #keepalive_timeout  0;
```

```
keepalive_timeout   65;

#gzip  on;

server {
    listen       8090;
    server_name  localhost;

    #charset koi8-r;

    #access_log  logs/host.access.log  main;

    location / {
        root   html;
        index  index.html index.htm;
    }

    #error_page  404              /404.html;

    # redirect server error pages to the static page /50x.html
    #
    error_page   500 502 503 504  /50x.html;
    location = /50x.html {
        root   html;
    }

    # proxy the PHP scripts to Apache listening on 127.0.0.1:80
    #
    #location ~ \.php$ {
    #    proxy_pass   http://127.0.0.1;
    #}

    # pass the PHP scripts to FastCGI server listening on 127.0.0.1:9000
    #
    #location ~ \.php$ {
    #    root           html;
    #    fastcgi_pass   127.0.0.1:9000;
    #    fastcgi_index  index.php;
    #    fastcgi_param  SCRIPT_FILENAME  /scripts$fastcgi_script_name;
    #    include        fastcgi_params;
    #}

    # deny access to .htaccess files, if Apache's document root
```

```
    # concurs with nginx's one
    #
    #location ~ /\.ht {
    #    deny all;
    #}
}


# another virtual host using mix of IP-, name-, and port-based configuration
#
#server {
#    listen       8000;
#    listen       somename:8080;
#    server_name  somename  alias  another.alias;

#    location / {
#        root   html;
#        index  index.html index.htm;
#    }
#}
# HTTPS server
#
#server {
#    listen       443 ssl;
#    server_name  localhost;

#    ssl_certificate      cert.pem;
#    ssl_certificate_key  cert.key;

#    ssl_session_cache    shared:SSL:1m;
#    ssl_session_timeout  5m;

#    ssl_ciphers  HIGH:!aNULL:!MD5;
#    ssl_prefer_server_ciphers  on;

#    location / {
#        root   html;
#        index  index.html index.htm;
#    }
#}

}
```

#符号代表注释。下面给出这些配置的一些说明，参照这些说明即可部署好静态资源。

```
#使用 Nginx 的用户名
#user  nobody;

#cpu 数，一般设置为和服务器的 cpu 数一致
worker_processes  1;

#error_log  logs/error.log;
#error_log  logs/error.log  notice;
#error_log  logs/error.log  info;

#进程 id
#pid        logs/nginx.pid;


events {
    worker_connections  1024;
}


http {
    #设置 mime 类型，类型由 mime.types 文件定义
    include       mime.types;
    default_type  application/octet-stream;

    #设定日志格式
    #log_format  main  '$remote_addr - $remote_user [$time_local] "$request" '
    #                  '$status $body_bytes_sent "$http_referer" '
    #                  '"$http_user_agent" "$http_x_forwarded_for"';

    #access_log  logs/access.log  main;
    #sendfile 指令指定 Nginx 是否调用 sendfile 函数（zero copy 方式）来输出文件。对于普通应
用，必须设定为 on；如果用来进行类似下载操作的磁盘 IO 重负载应用，可设置为 off，以平衡磁盘与网络
I/O 的处理速度，降低系统的 uptime
    sendfile        on;
    #tcp_nopush     on;
    #设置超时时间
    #keepalive_timeout  0;
    keepalive_timeout  65;
    #是否开启 gzip 压缩（网页速度优化非常有用，开启后通常可以达到 70% 的压缩率）
    #gzip  on;

    server {
        #侦听端口
```

```
listen        8090;
#域名
server_name  localhost;
#编码设置
#charset koi8-r;
#设定虚拟主机的访问日志
#access_log  logs/host.access.log  main;

#默认请求
location / {
    #默认网站的根目录
    root    html;
    #首页索引文件的名称
    index  index.html index.htm;
}

#定义错误提示页面，你还可以在这里添加 500、403 等，以空格分开
#error_page  404              /404.html;

#重定向
# redirect server error pages to the static page /50x.html
#定义错误提示页面
error_page   500 502 503 504  /50x.html;
location = /50x.html {
    root    html;
}

# proxy the PHP scripts to Apache listening on 127.0.0.1:80
#
#location ~ \.php$ {
#    proxy_pass   http://127.0.0.1;
#}

# pass the PHP scripts to FastCGI server listening on 127.0.0.1:9000
#
#location ~ \.php$ {
#    root         html;
#    fastcgi_pass   127.0.0.1:9000;
#    fastcgi_index  index.php;
#    fastcgi_param  SCRIPT_FILENAME  /scripts$fastcgi_script_name;
#    include        fastcgi_params;
#}
```

```
    # deny access to .htaccess files, if Apache's document root
    # concurs with nginx's one
    #
    #location ~ /\.ht {
    #    deny  all;
    #}
}


# another virtual host using mix of IP-, name-, and port-based configuration
#
#server {
#    listen        8000;
#    listen        somename:8080;
#    server_name  somename  alias  another.alias;

#    location / {
#        root   html;
#        index  index.html index.htm;
#    }
#}


# HTTPS server
#
#server {
#    listen        443 ssl;
#    server_name  localhost;

#    ssl_certificate      cert.pem;
#    ssl_certificate_key  cert.key;

#    ssl_session_cache    shared:SSL:1m;
#    ssl_session_timeout  5m;

#    ssl_ciphers  HIGH:!aNULL:!MD5;
#    ssl_prefer_server_ciphers  on;

#    location / {
#        root   html;
#        index  index.html index.htm;
#    }
#}
```

11.1.4 使用 Nginx 部署网站

使用 Nginx 可以非常简洁快速地部署 Web 站点,尤其是同时部署包含多个 Node.js 应用的站点。

首先,假如现在有一个运行在 3000 端口的 Node.js 应用,可以直接利用 Nginx 作为反向代理,同时还可以将资源交由 Nginx 来处理,这样该 Node.js 应用对外表现的就好像是运行在 80 端口。具体部署方法是在 Nginx 配置文件中添加一个 server 类,内容如下:

```
server {
    listen       80;
    #域名
    server_name  www.nginxnodeapp.com;

    location / {
        #node.js 应用的端口
        proxy_pass http://127.0.0.1:3000;
      root E:\WebstormProjects\NodejsDev\chapter11\nginxnodeapp;
      proxy_redirect off;
        proxy_http_version 1.1;
      proxy_set_header Host $host:$server_port;
        proxy_set_header X-Real-IP $remote_addr;
        proxy_set_header X-Forwarded-For $proxy_add_x_forwarded_for;
        proxy_set_header X-NginX-Proxy true;
        proxy_read_timeout 300s;
    }
    #静态文件交给 Nginx 直接处理
    #location ~ .*\.(gif|jpg|jpeg|png|bmp|swf|ico)$ {
    #    root E:\WebstormProjects\NodejsDev\chapter11\nginxnodeapp;
    #     access_log off;
    #    expires 24h;
    #}
}
```

然后,假设现在还有一个 Node.js 应用运行在 3001 端口,仍可以直接利用 Nginx 作为反向代理。具体部署方法是在 Nginx 配置文件中再添加一个 server 类,内容如下:

```
server {
    listen       80;
    #域名
    server_name  m.nginxnodeapp.com;

    location / {
        #node.js 应用的端口
        proxy_pass http://127.0.0.1:3001;
      root E:\WebstormProjects\NodejsDev\chapter11\nginxnodeapp;
      proxy_redirect off;
        proxy_http_version 1.1;
      proxy_set_header Host $host:$server_port;
        proxy_set_header X-Real-IP $remote_addr;
```

```
      proxy_set_header X-Forwarded-For $proxy_add_x_forwarded_for;
      proxy_set_header X-NginX-Proxy true;
      proxy_read_timeout 300s;
   }
   #静态文件交给 Nginx 直接处理
   #location ~ .*\.(gif|jpg|jpeg|png|bmp|swf|ico)$ {
   #    root E:\WebstormProjects\NodejsDev\chapter11\nginxnodeapp;
   #    access_log off;
   #    expires 24h;
   #}
}
```

下面通过浏览器测试一下使用该 Nginx 配置的 Node.js Web 站点。首先，在浏览器中输入地址 localhost，如图 11.3 所示。

图 11.3　Nginx 配置多个域名的 Node.js 应用（一）

然后，继续在浏览器中输入地址 http://www.nginxnodeapp.com，如图 11.4 所示。

图 11.4　Nginx 配置多个域名的 Node.js 应用（二）

最后，继续在浏览器中输入地址 http://m.nginxnodeapp.com，如图 11.5 所示。

图 11.5　Nginx 配置多个域名的 Node.js 应用（三）

这里说明一下，利用二级域名是一种充分利用域名资源的方法。同样，也可以利用路径，这和服务器内部采用的映射方式有关。Nginx 就不能根据路径，但是可以使用二级域名使不同应用运行在同一个一级域名下。

11.2 Yarn——新的包管理工具

2016 年，Facebook 发布了一款包管理器——Yarn，希望可以成为一个替代 NPM 的快速、可靠和安全的包管理器。Yarn 作为一个 JavaScript 软件包管理器，主要有以下几个功能：

- 离线模式：只要是用户已经下载过的包，即使离线也可以再次安装。
- 网络恢复：下载软件包失败后会自动重新请求，这样就可以避免整个安装过程失败。
- 多个注册表：既能从 NPM 或 Bower 安装任何包，也能保证各平台依赖的一致性。
- 网络性能：Yarn 会对请求进行高效的排队，避免出现请求瀑布（waterfall），便于将网络的使用效率达到最大化。
- 扁平化模式：将不匹配的依赖版本解析为同一个版本，避免重复创建。
- 确定性：无论安装顺序如何，相同的依赖在每台机器上都会以完全相同的方式进行安装。

Yarn 的 GitHub 地址为 https://github.com/yarnpkg/yarn，官方网址为 https://yarnpkg.com/。同时，在官方网站上可选择对应的中文版，对于国内的开发者来说还是相对便捷的。Yarn 的官方网站页面如图 11.6 所示。

图 11.6　Yarn 官方网站页面

Yarn 的安装非常便捷，官方提供了 Mac OS、Windows、Linux 三种操作系统的详细安装方法。以 Windows 为例，用户可以通过下载.msi 文件、Chocolatey、Scoop 三种方法安装。

（1）利用.msi 文件安装时，直接下载后单击安装即可。不过，在这之前用户应该确保已经安装了 Node.js。

（2）利用 Chocolatey 安装时，执行以下命令安装即可：

```
choco install yarn
```

这个命令将确保用户安装 Node.js。

（3）利用 Scoop 安装时，使用以下命令即可，不过在这之前也要确保已经安装了 Node.js：

```
scoop install yarn
```

Yarn 安装完成后可以使用 yarn--version 命令来查看 Yarn 的版本，如图 11.7 所示。

```
yarn --version
```

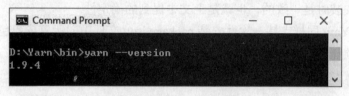

图 11.7　查看 Yarn 版本

Yarn 的使用非常简单，当开发者开始一个新项目时，类似于 npm，只需要使用 yarn init 命令并且填写部分项目信息即可生成一个 package.json 文件，如图 11.8 所示。

```
yarn init
```

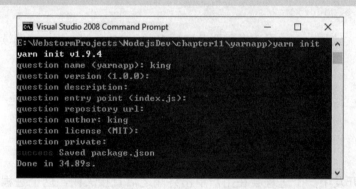

图 11.8　yarn init 命令需要填写的信息

一个典型的通过 yarn init 命令生成的 package.json 文件内容大致如下：

```
{
  "name": "king",
  "version": "1.0.0",
  "main": "index.js",
  "license": "MIT",
  "dependencies": {}
}
```

Yarn 安装、升级、移除依赖包分别使用 add、upgrade、remove 命令关键字。例如，安装、升级、移除 Koa 框架的命令为：

```
yarn add koa
yarn upgrade koa
yarn remove koa
```

在安装和升级相关依赖包的时候可以在依赖包后指定安装和升级到对应的版本，只需要使用@符号即可：

```
yarn add package@versioin
yarn upgrade package@version
```

在初次安装依赖包的时候会生成一个 yarn.lock 文件。这个文件的作用是保证安装包的依赖关系在跨平台安装时是一致的，也就是上文中提到的确定性。

类似于 npm，Yarn 同样支持一次性安装 package.json 文件中的所有依赖包。使用 yarn install 命令即可完成这项任务：

```
yarn install
```

这个命令还有很多选项，如安装一个包的单一版本时添加-flat 选项，强制重新下载使用-force 选项，只安装生产环境依赖则使用--production 选项：

```
yarn install -flat
yarn install -force
yarn install --production
```

Yarn 的使用大致如此，如果读者需要获取更多关于 Yarn 的知识，请阅读官方网站的详细指南和文档。

11.3 使用 PM2

我们知道在开发中一个进程会在用户退出终端之后直接关闭，这个进程也会被关闭，而 Node.js 应用常常会因为一个错误而导致进程终止，Node.js 服务也随之关闭。因此在线上部署应用的时候有必要使 Node.js 应用以守护进程的方式来启动。PM2 正是这样的一款 Node.js 应用进程管理器。

PM2 的 GitHub 地址是 https://github.com/Unitech/pm2，官方网站地址为 http://pm2.keymetrics.io/。使用 Node.js 之前需要使用 NPM 来安装 PM2：

```
npm install pm2 -g
```

使用 PM2 开启一个进程非常简单，只需要使用以下命令即可：

```
pm2 start app.js
```

其中，app.js 为将要以守护进程方式启动的 Node.js 应用文件。

类似于其他的模块，使用-h 命令可以看到 PM2 的所有命令，如图 11.9 所示。

```
pm2 -h
```

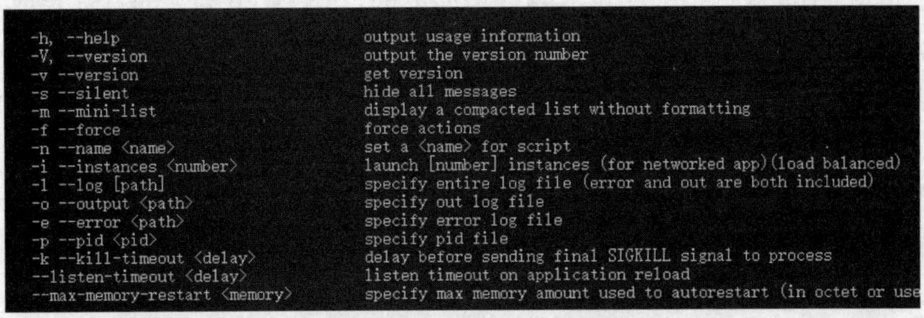

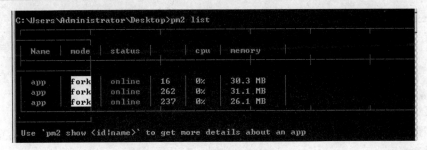

图 11.9　PM2 的命令提示

当 PM2 开启了大量的 Node.js 应用时，可以使用 list 命令列出当前运行的所有应用，如图 11.10 所示。

```
pm2 list
```

图 11.10　PM2 列出的应用

需要提醒的是，图 11.10 中的数字代表 Node.js 应用的 id 号，当需要停止 Node.js 应用的时候，只需要使用 id 即可：

```
pm2 stop id
```

all 关键字代表当前运行的所有进程，也可以使用这个方法停止所有的 Node.js 应用：

```
pm2 stop all
```

一个 Node.js 应用运行之后会占用越来越多的内存，这时需要重启 Node.js 应用。PM2 提供了 restart 命令来重新启动一个 Node.js 应用。

重启一个 Node.js 应用的命令：

```
pm2 restart id
```

重启所有的 Node.js 应用的命令：

```
pm2 restart all
```

11.4 使用 Koa

Koa 框架是由 Express 框架的原班人马打造而成的。这个 Web 框架的目标是成为一个更小、更富表现力、更健壮的 Web 框架。Koa 框架解决的主要问题是大量的回调函数嵌套，也就是常说的"回调地狱"，而且 Koa 不在内核中绑定任何中间件，提供的仅仅是一个函数库，这让 Web 开发更加轻快。Koa 是一个面向未来的框架。

Koa 框架官方网站的地址是 http://koajs.com/，相应的 GitHub 地址为 https://github.com/koajs/koa。

使用 Koa 框架之前同样需要通过 NPM 安装：

```
npm install koa
```

完成安装之后就可以在项目中使用了。

一个简单的 Koa 应用程序如下：

```
const koa = require('koa');
const app = new koa();

app.use(ctx => {
  ctx.body = 'hello world';
});

app.listen(3000);
```

启动这个应用就可以在本地的 3000 端口看到一个简单的 Web 应用。

Koa 应用得益于大量的中间件，因此 Koa 中最常用的方法是 koa.use()（将给定的函数作为中间件加载）。

Koa 将 req 和 res 对象封装成一个 ctx 上下文对象，可以通过 ctx.request 和 ctx.response 对象访问相应的方法和属性，如图 11.11 和图 11.12 所示。

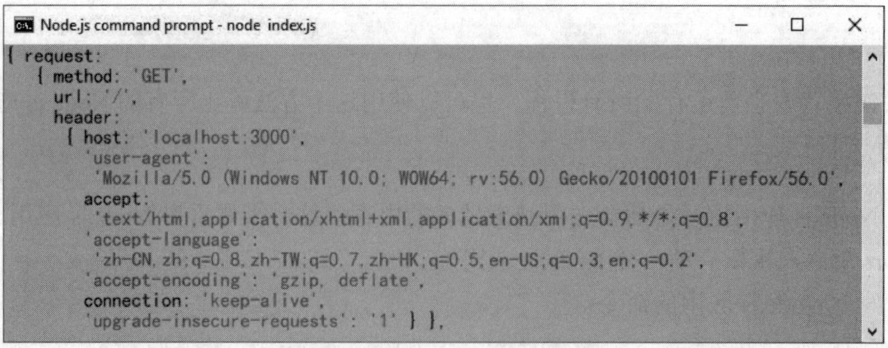

图 11.11　通过 ctx.request 访问

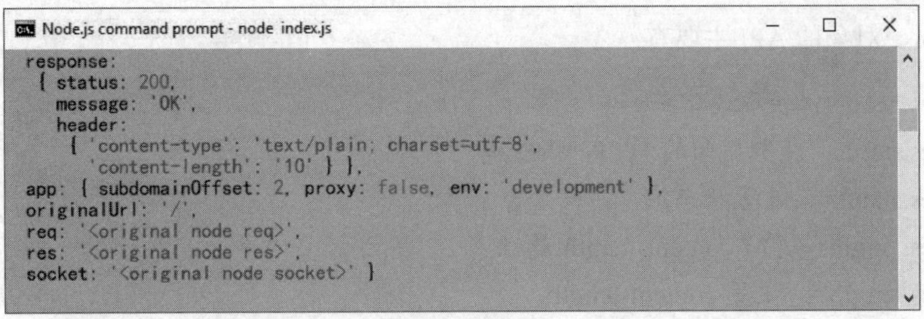

図 11.12   通过 ctx.response 访问

在 Koa 中，ctx 上下文对象的主要 API 有：

- ctx.req: Node.js 中的 request 对象。
- ctx.res: Node.js 中的 response 对象。
- ctx.app: app 实例。
- ctx.state: 命名空间。
- ctx.cookies.get(name,[options]): 返回相应的 cookie。
- ctx.cookies.set(name,value,[options]): 设置新的 cookie。

上面两个 API 中的 options 参数如下：

```
{
signed: Boolean,
expires: Date,
path: String，默认为'/',
domain: String,
secure: Boolean,
httpOnly: Boolean，默认为 true
}
```

- ctx.throw(msg, [status]): 抛出错误的辅助方法，默认 status 为 500。
- ctx.assert(value, [msg], [status], [properties]): 用来断言的辅助方法。

Request 对象常用的 API 有：

- req.header: 返回请求头。
- req.method: 返回请求方法。
- req.method=: 设置 method。
- req.url: 返回请求 url。
- req.url=: 设置 url。
- req.path: 返回 path。
- req.path=: 设置 path。
- req.querystring: 返回查询字符串，去除头部的 "？"。
- req.ip: 返回请求 IP。
- req.ips: 返回请求 IP 列表。

Response 对象的 API 主要有：

- res.header：获取返回头。
- res.status：获取返回的 HTTP 状态码。
- res.status=：设置状态法。
- res.length：返回 content-length 属性。
- res.length=：设置 content-length。
- res.body：获取响应体。
- res.body=：设置响应体。
- res.get(field)：获取相应的返回头属性。
- res.set(field, value)：设置相应的属性值。
- set.set(fields)：一次设置多个，参数为对象。
- res.remove(fields)：删除指定的返回头属性。
- res.type：获取返回的 content-type。
- res.type=：设置 content-type。
- res.redirect(url,[alt])：重定向，可以使用关键字 back 返回上一个页面（refer），没有 refer 时，返回 "/"。

更多关于 Koa 框架的应用可以通过相应的书籍进行学习和查阅。

第四篇

Node.js项目案例

第 12 章
使用Express开发个人博客系统

如今个人博客越来越普遍。越来越多的技术人员通过个人博客来和外界交流技术和提高自己。Express 是如今较为流行和稳定的 Node.js 框架，甚至有人基于 Express 提出了 MEAN 服务端架构。MySQL 则是传统广受欢迎的开源 SQL 数据库。本章将通过实际编码实现一个由 Express 和 MySQL 搭建的个人博客。

通过本章的学习可以掌握以下内容：

- 一个完整项目的开发流程。
- Express 框架的实际使用。
- Express 与 MySQL 数据库的结合使用。
- 一个博客项目实现的要点。

12.1 项目准备

12.1.1 项目概述

博客是 21 世纪初兴起的一种表达个人思想、积累个人知识、与他人交流沟通的社会媒体。在这个自媒体日渐繁荣的时代，博客成为自媒体中不可忽视的力量。在技术人员中，博客往往是个人知识积累的一个平台，也是别人了解自己的途径，可以说每一个技术人员都应该有一个自己的博客。

本章将通过一个简单的个人博客系统让读者了解和掌握一个项目的开发。在本章中，我们选择的框架是 Express，数据库是 MySQL。关于 Express 和 MySQL 的基础知识，读者可以通过本书前面的章节或者其他相关的书籍进行了解和掌握。在这个项目中，网站访问者可以浏览作者发布的文章和信息，通过登录即可发布、修改、删除文章。

12.1.2 前端界面设计

个人博客网站最重要的是内容，因此在博客网站的首页就应该让读者了解到作者的文章，而不是像企业网站那样显示大量有关企业产品的介绍。博客首页的主要内容可以是文章的标题，让读者通过标题迅速了解相关的领域并找到自己需要的内容。

当然，一个博客网站还需要有博主的个人介绍页面等，因此同样需要用一个 navigation 来跳转到各个页面。因为这里个人博客网的链接并不多，所以通过一个侧边栏来实现这个功能是比较合适的。因为所有的页面都应该是能够互相跳转的，所以这个侧边栏应该每个页面都需要。为了让整个博客页面显得更加完整，为每一个页面添加同样的 header 和 footer 是很有必要的。

可以大致将整个个人博客项目分为首页、内容页、文章编辑页、登录页。首页、内容页、文章编辑页都需要侧边栏、header、footer。登录页用一个简单的表单实现即可。首页、内容页、文章编辑页大致可以设计为图 12.1~图 12.3 所示的样子。

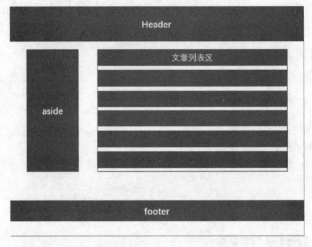

图 12.1　博客首页设计稿

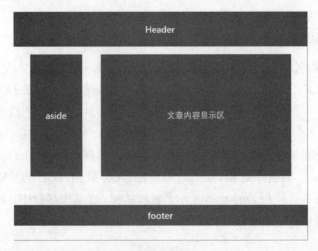

图 12.2　博客内容页设计稿

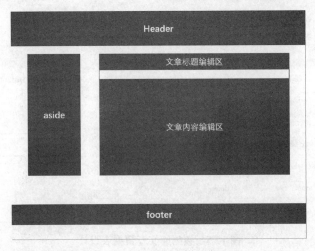

图 12.3　博客文章编辑页设计稿

博客登录页是一个简单的登录表单，为了让这个页面不至于太单调，可以选择一张合适的图片作为背景。登录页的设计稿如图 12.4 所示。

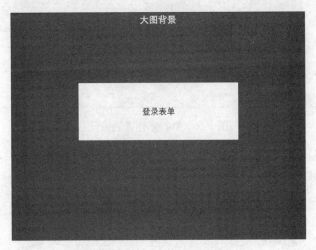

图 12.4　登录页设计稿

至此，整个项目的框架设计就基本完成了。

12.1.3　数据库设计

如上文所述，个人博客最重要的是内容，也就是文章，因此在个人博客中，文章数据表是必不可少的。很明显，这个数据表中必然需要的字段有文章标题和文章内容。

为了方便读者了解作者发表文章的信息，可以添加一个时间字段，显示文章发布的时间。

为了衡量一篇文章的质量，添加一个访问量字段是一个不错的选择：读者可以通过这个字段来衡量文章的质量，作者则可以通过这个字段来判断哪些领域的文章比较受欢迎。

因为在这个项目中需要通过登录才能发布文章，所以可以通过一个作者字段来说明文章的发布者。如果博客是由多人或者一个团队来维护的，那么这个字段是非常重要的。因此，文章数据表可以设计为如图 12.5 所示的形式。

文章表						
Chinese	Field	Type	Null	Key	Default	Extra
文章ID	articleID	int	NO	PRI		auto_increment
文章标题	articleTitle	varchar	NO	UNI		
文章作者	articleAuthor	varchar	NO			
文章内容	articleContent	longtext	NO			
文章发布时间	articleTime	date	NO			
文章浏览量	articleClick	int	NO		0	

图 12.5　数据库文章数据表设计

如上文所述，这个博客项目是需要通过登录才能发布文章的，整个博客可以由多人或者一个团队来维护。因此，需要设计一个作者表，包含作者姓名、作者密码等字段，如图 12.6 所示。

作者表						
Chinese	Field	Type	Null	Key	Default	Extra
作者ID	authorID	int	NO	PRI		auto_increment
作者姓名	authorName	varchar	NO	UNI		
作者密码	authorPassword	varchar	NO			

图 12.6　数据库作者表设计

此时，个人博客项目的数据设计已经完成。连接 MySQL 数据库之后，在命令行中输入以下代码即可在 MySQL 中创建项目所需的数据库：

```
CREATE DATABASE IF NOT EXISTS blog CHARACTER SET utf8;

USE blog;

CREATE TABLE author(
authorID INT KEY AUTO_INCREMENT,
authorName VARCHAR(20) NOT NULL UNIQUE,
authorPassword VARCHAR(32) NOT NULL
);

CREATE TABLE article(
articleID INT KEY AUTO_INCREMENT,
articleTitle VARCHAR(100) NOT NULLUNIQUE,
articleAuthor VARCHAR(20) NOT NULL,
articleContent LONGTEXT NOT NULL,
articleTime   DATE NOT NULL,
articleClick INT DEFAULT 0
```

```
);

INSERT author VALUES(DEFAULT, 'node', 'e10adc3949ba59abbe56e057f20f883e');
```

12.2　项目开发

12.2.1　快速生成一个项目

Express 项目可以通过 Express 项目生成器快速生成。当然，使用 Express 项目生成器之前需要从 NPM 中下载安装，可使用以下命令安装 Express 项目生成器：

```
npm install -g express-generator
```

安装完成后使用以下命令生成一个使用 ejs 模板的 Express 博客项目：

```
express -e blog
```

此时会在使用该命令的文件夹中自动创建一个名为 blog 的文件夹，即项目文件夹。blog 文件夹的项目目录如图 12.7 所示。

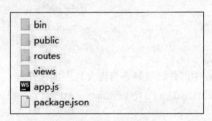

图 12.7　Express 项目目录

在这个项目目录中，public 文件夹为静态资源文件夹，routes 文件夹为路由文件夹，views 文件夹为 ejs 模板文件夹。

此时并没有安装项目依赖，可以使用以下命令安装：

```
npm install
```

接下来看一看 app.js 文件中的内容。其代码及相关解释如下：

```
// 引入项目模块
var express = require('express');
var path = require('path');
var favicon = require('serve-favicon');
var logger = require('morgan');
var cookieParser = require('cookie-parser');
var bodyParser = require('body-parser');
```

```javascript
var index = require('./routes/index');
var users = require('./routes/users');

var app = express();

// 设置视图文件夹的位置
app.set('views', path.join(__dirname, 'views'));

// 设置项目使用ejs模板引擎
app.set('view engine', 'ejs');

// uncomment after placing your favicon in /public
//app.use(favicon(path.join(__dirname, 'public', 'favicon.ico')));

// 使用日志记录中间件
app.use(logger('dev'));

// 使用bodyParser中间件
app.use(bodyParser.json());
app.use(bodyParser.urlencoded({ extended: false }));

// 使用cookieParser中间件
app.use(cookieParser());

// 使用express默认的static中间件设置静态资源文件夹的位置
app.use(express.static(path.join(__dirname, 'public')));

// 使用路由index
app.use('/', index);

// 使用路由users
app.use('/users', users);

// 处理404错误
app.use(function(req, res, next) {
  var err = new Error('Not Found');
  err.status = 404;
  next(err);
});

// 错误处理
app.use(function(err, req, res, next) {
  // 设置本地错误信息仅在开发环境中提供
```

```
  res.locals.message = err.message;
  res.locals.error = req.app.get('env') === 'development' ? err : {};

  // 渲染错误请求页面
  res.status(err.status || 500);
  res.render('error');
});
```

```
module.exports = app;
```

在本项目中，前端界面是通过 normalize.css 库来统一各个浏览器默认样式的。可以通过
NPM 安装 normalize：

```
npm install normalize.css
```

安装完成后，在 node_modules 文件夹中找到 normalize.css 文件夹，将 normalize.css 文件
移动到 public 文件夹中的 css 文件夹下，以供后续使用。

同时在 app.js 中添加以下代码：

```
app.listen(3000,function(){
   console.log('listening port 3000');
});
```

这样通过 node app 命令就可以启动项目了。

12.2.2　实现登录页面

登录界面的前端页面仅仅由一个登录表单组成，而登录的核心思想是利用用户提交的用户
名、密码等信息与后端数据库中的信息进行对比，根据对比结果给用户反馈。一般的情形是信
息匹配一致，将用户页面重定向至用户需要进入的页面；若信息匹配不一致，则将错误信息反
馈给用户。

（1）实现一个前端页面，保证用户请求数据时这个页面是可用的。

在项目 route 子文件夹下的 index.js 中写入如下内容：

```
/*登录页*/
router.get('/login', function(req, res, next) {
   res.render('login');
});
```

这里使用到 Express 的方法有：

- get()：定义一个请求方法为 get 方法的路由，第一个参数是请求的 URL 路径。
- res.render()：渲染一个视图模板，第一个参数是模板引擎文件夹下的视图文件名，第
  二个参数是传给视图的 json 数据。

（2）重构这个登录页面，在 views 文件夹下新建一个 login.ejs 文件，写入以下内容：

```
<!DOCTYPE html>
<html lang="zh-cn" class="login">
<head>
    <meta charset="UTF-8">
    <title>Node 的个人博客</title>
    <meta http-equiv="X-UA-Compatible" content="IE=Edge,chrome=1">
    <meta name="description" content="Node 的个人博客, 分享 Node.js 技术, 不忘初心, 共
同成长">
    <meta name="keywords" content="Node,Node.js,Node 的博客, Node.js 技术">
    <link rel="stylesheet" href="/css/normalize.css">
</head>
<body>
<section>
    <form action="/login" method="POST">
        <div class="form-group">
            <input type="text" name="name" placeholder="登录名">
        </div>
        <div class="form-group">
            <input type="password" name="password" placeholder="密码">
        </div>
        <div class="form-group">
            <input type="submit" value="登录">
        </div>
    </form>
</section>
<footer>
    <p>Copyright © 2018 Node</p>
    <p>Powered by Express</p>
</footer>
</body>
</html>
```

（3）对这个页面进行样式开发。在 public 文件夹中的 css 文件夹下新建一个 main.css 文件，作为整个项目的样式文件。在这个文件开头先写入项目的公共样式，代码如下：

```
a{
    text-decoration: none;
    color:#000;
}
ul,li{
    list-style: none;
    padding:0;
```

```
    margin:0;
}
.floatfix:after{
    content:'';
    display: block;
    clear: both;
}
.floatfix{
    *zoom:1;
}
body{
    background:#f0f0f0;
}
```

（4）写入以下代码作为登录页面的样式：

```
.login, .login body{
    height:100%;
    width:100%;
}
.login body{
    background-image:url("../img/login.jpg");
    background-size:100% 100%;
    background-repeat: no-repeat;
}
.login .form-group{
    padding-bottom: 30px;
}
.form-group input {
    height: 24px;
}
footer p{
    text-align: center;
    line-height:1.5em;
    margin:0;
}
.form-group,.text-group {
    padding: 0 20px 10px;
}
.form-group{
    height: 40px;
}
.form-group label{
    width: 43px;
```

```css
        text-align: right;
        display: inline-block;
}
.form-group input{
        border:1px solid #c0c0c0;
        border-radius: 3px;
        padding: 6px 5px;
        margin-left:20px;
}
.text-group textarea{
        height:820px;
}
.text-group label{
        vertical-align: top;
}
.login .form-group p{
        margin: 0;
        font-size: 12px;
        color: #d20505;
        line-height: 20px;
}
.login form{
        width: 320px;
        position: absolute;
        top: 50%;
        left: 50%;
        margin-left: -160px;
        margin-top: -125px
}
.login form input{
        width: 275px;
        background: #fff;
        margin: 0;
}
.login form input[type='submit'] {
        width: 90px;
        display:block;
        margin: 0 auto;
        height: 40px;
        background:#183D8E;
        color:#fff;
        cursor:pointer;
}
```

```
.login footer{
   position:absolute;
   bottom:20px;
   display: block;
   width:100%;
}
```

（5）在 login.ejs 文件中引入 main.css。在 login.ejs 的 head 标签下添加以下内容：

```
<link rel="stylesheet" href="/css/normalize.css">
<link rel="stylesheet" href="/css/main.css">
```

启动项目，在浏览器地址栏中输入 localhost:3000/login 后可以看到登录页面，如图 12.8 所示。

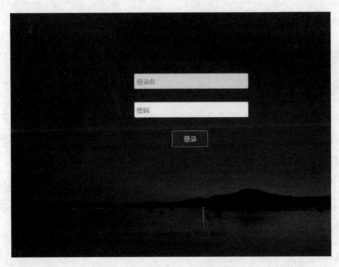

图 12.8　登录页面

这时，项目已经可以根据用户请求登录页面正常返回了。接下来开发登录的核心，就是通过用户提交的信息与数据库中的信息进行比较，从而得出结果。在项目的根目录中新建一个名为 config.js 的文件，作为项目的配置文件。这里仅需要进行数据库的配置，可在 config.js 文件中写入以下代码：

```
/*数据库相应信息*/
const DB = {
   host:"localhost",
   port:3306,
   user:"root",
   password:"password",
   database:"blog"
};

module.exports = DB;
```

　　同时在根目录文件中新建一个名为 database.js 的文件，作为 mysql 连接的文件。在这个文件中写入以下内容：

```
const mysql = require('mysql');
const config = require('./config');

/*连接数据库*/
const database = mysql.createConnection({
    host:config.host,
    user:config.user,
    port:config.port,
    password:config.password,
    database:config.database
});

database.connect();

module.exports = database;
```

　　这时我们的博客项目已经连接好了 MySQL。接下来在用户提交数据的时候与数据库中的数据进行对比。在 login.ejs 中已经定义了登录名和密码的 name，以及这个登录表单提交的路径（/login）和提交的方法（POST）。

　　如前文数据库设计中所述，用户的密码是通过 md5 加密后存储在 MySQL 中的，所以用户提交的数据同样需要通过 md5 加密后才能对比，因此需要引入 crypto 模块。在 route 文件夹下的 index.js 中引入 crypto 和 database.js 模块：

```
var crypto = require('crypto');
var mysql = require('./../database');
```

　　将用户数据与数据库信息对比，需要在 route 文件夹下的 index.js 中写入以下内容：

```
/*登录信息验证*/
router.post('/login', function(req, res, next) {
    var name = req.body.name;
    var password = req.body.password;
    var hash = crypto.createHash('md5');
    hash.update(password);
    password = hash.digest('hex');
    var query = 'SELECT * FROM author WHERE authorName=' + mysql.escape(name) + '
AND authorPassword=' + mysql.escape(password);
    mysql.query(query, function(err, rows, fields) {
        if(err) {
            console.log(err);
            return;
```

```
    }
    var user = rows[0];
    if(user){
        res.redirect('/');
    }
  })
});
```

这里使用到的重要方法是 mysql.escape ()，可防止 SQL 注入攻击，对用户提交的数据进行处理。

此时，启动项目，在浏览器中输入 localhost:3000/login 后显示登录页面，再输入数据库中预先设置好的用户名（node）以及密码（123456），页面就会自动跳转到首页，如图 12.9 所示。

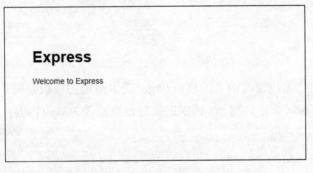

图 12.9　跳转至首页

这时登录的功能虽然已经实现，但是当输入密码和用户名后，浏览器没有任何反应，对用户来说显然是非常不友好的。因此需要增加对密码或者用户名输入错误的处理。在这里，需要在用户名或者密码错误时给用户提醒。修改登录的 post 方法请求的处理，代码如下：

```
/*登录信息验证*/
router.post('/login', function(req, res, next) {
    var name = req.body.name;
    var password = req.body.password;
    var hash = crypto.createHash('md5');
    hash.update(password);
    password = hash.digest('hex');
    var query = 'SELECT * FROM author WHERE authorName=' + mysql.escape(name) + '
AND authorPassword=' + mysql.escape(password);
    mysql.query(query, function(err, rows, fields) {
        if(err) {
            console.log(err);
            return;
        }
        var user = rows[0];
        if(!user) {
```

```
        res.render('login', {message:'用户名或者密码错误'});
        return;
    }
    req.session.userSign = true;
    req.session.userID = user.authorID;
        res.redirect('/');
    });
});
```

在 login.ejs 文件中增加错误信息的显示。修改密码的 div 元素为以下内容：

```
<div class="form-group">
    <input type="password" name="password" placeholder="密码">
    <%if(message) {%>
    <p> <%= message%> </p>
    <% } %>
</div>
```

因为密码或者用户名错误时渲染的模板和 get 请求渲染的模板是同一个模板，所以也需要给 get 请求添加一个 json 数据，将 get 请求的处理函数修改为如下内容：

```
router.get('/login', function(req, res, next) {
    res.render('login', {message:''});
});
```

重新启动项目，可以发现当密码或者用户名错误时，已经有了对用户友好的提醒，如图 12.10 所示。

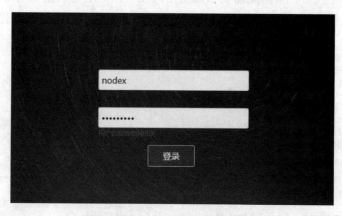

图 12.10 提示用户名或者密码错误

博客项目的登录页面就完成了。

12.2.3 实现博客首页

上文中登录博客后自动跳转至首页，接下来实现博客的首页。博客首页是任何用户都可以访问的，所以不需要做权限设置。

在 route 文件夹下的 index.js 文件中将首页的 get 请求处理改为如下代码：

```
/*首页*/
router.get('/', function(req, res, next) {
    var query = 'SELECT * FROM article';
    mysql.query(query, function(err, rows, fields){
        var articles = rows;
        res.render("index", {articles: articles});
    });
});
```

在 views 文件夹下的 index.ejs 文件中写入以下代码：

```
<!DOCTYPE html>
<html lang="zh-cn">
<head>
    <head>
    <meta charset="UTF-8">
    <title>Node 的个人博客</title>
    <meta http-equiv="X-UA-Compatible" content="IE=Edge,chrome=1">
    <meta name="description" content="Node 的个人博客，分享 Node.js 技术，不忘初心，共
同成长">
    <meta name="keywords" content="Node,Node.js,Node 的博客，Node.js 技术">
    <link rel="stylesheet" href="/css/normalize.css">
    <link rel="stylesheet" href="/css/main.css">
</head>
</head>
<body>
<header>
    <h1>Node 的个人博客</h1>
</header>
<section class="main floatfix">
 <aside>
    <section class="main-aside-avatar">
        <img src="img/avatar.jpg" alt="">
    </section>
    <ul>
        <li><a href="">撰写文章</a></li>
        <li><a href="">关于博客</a></li>
        <li><a href="">友情链接</a></li>
        <li><a href="">登出博客</a></li>
    </ul>
</aside>
```

```
  <section class="main-articles">
    <ul>
       <% for(var  i = 0, max = articles.length; i < max; i++) {%>
      <li class="main-articles-item">
        <h2><a href=""><%= articles[i].articleTitle %></a></h2>
        <section class="main-articles-items-des">
          <p><span>作者：<%= articles[i].articleAuthor %></span><span>发布时间：<%=
articles[i].articleTime %></span><span>浏览量：<%= articles[i].articleClick
%></span></p>
        </section>
      </li>
        <% } %>
    </ul>
  </section>
</section>
<footer>
    <p>Copyright © 2018 Node</p>
    <p>Powered by Express</p>
</footer>
</body>
</html>
```

此时，首页基本可以看了。为了用户体验更好，接下来要进行样式的开发。

在 main.css 文件中继续写入以下内容：

```
header{
    height:135px;
    background-image:url("../img/banner.jpg");
    background-position:center;
    margin-bottom:25px;
}
header h1{
    margin:0;
    text-align:center;
    color:#fff;
    font-size:30px;
    line-height:35px;
    padding:50px 0;
    word-spacing: 0.5em;
}
.main{
    padding:0 15px;
    width:1170px;
    margin:0 auto;
```

```css
   margin-bottom:25px;
}
aside{
   width:180px;
   padding:9px;
   border:1px solid #c0c0c0;
   float:left;
   min-height:450px;
   height:100%;
}
aside ul li{
   list-style: none;
   height:30px;
   text-align: center;
}
aside ul li a{
   font-size:16px;
   line-height:30px;
}
aside ul li a:hover{
   color:#183D8E;
}
.main-aside-avatar{
   margin-bottom:10px;
}
.main-aside-avatar img{
   width:100%;
}
.main-articles{
   margin-left:220px;
}
.main-articles-item{
   height:80px;
   border:1px solid #c0c0c0;
   padding:10px;
   margin-bottom:10px;
}
.main-articles-item:last-child{
   margin-bottom: 0;
}
.main-articles-item h2{
   margin:0;
   font-weight: normal;
```

```
    font-size: 24px;
    line-height: 40px;
}
.main-articles-items-des span{
    padding-right:8px;
    color:#333;
    font-size: 14px;
}
```

重新启动项目，在浏览器中可以看到首页的效果，如图 12.11 所示。

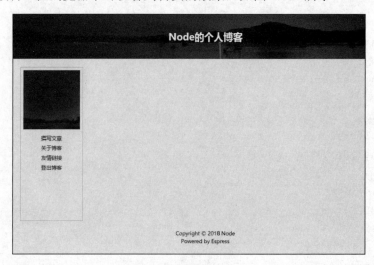

图 12.11 博客首页

此时数据库中并没有文章，因此博客的首页也就没有显示任何文章。可以通过命令行直接向 MySQL 数据库中手动添加几条记录来验证一下效果。连接好 MySQL 后在命令行中输入以下命令，向 MySQL 中添加几篇文章：

```
INSERT article SET articleTitle="Node.js 基础知识
",articleAuthor="node",articleContent="Node.j
    基础知识简要介绍",articleTime=CURDATE();

INSERT article SET articleTitle="Node.js 进阶知识
",articleAuthor="node",articleContent="Node.js 进阶知识简要介绍
",articleTime=CURDATE();

INSERT article SET articleTitle="Node.js 高级知识
",articleAuthor="node",articleContent="Node.js 高级知识简要介绍
",articleTime=CURDATE();
```

这时，刷新浏览器可以看到三篇文章的标题已经出现在了项目首页，如图 12.12 所示。

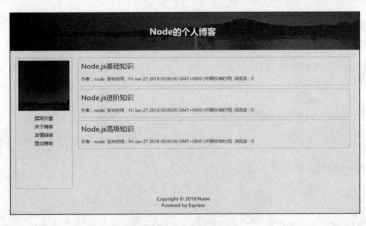

图 12.12　带有数据的博客首页

　　这时，首页文章的发布时间是国际时间，既在排版上影响了整个页面的美观，也不利于辨识时间，因此需要在传递给视图之前将这个时间处理一下，将首页的 get 请求处理修改为以下代码：

```
router.get('/', function(req, res, next) {
var query = 'SELECT * FROM article';
   mysql.query(query, function(err, rows, fields){
      var articles = rows;
      articles.forEach(function(ele) {
         var year = ele.articleTime.getFullYear();
         var month = ele.articleTime.getMonth() + 1 > 10 ?
ele.articleTime.getMonth() : '0' + (ele.articleTime.getMonth() + 1);
         var date = ele.articleTime.getDate() > 10 ? ele.articleTime.getDate() :
'0' + ele.articleTime.getDate();
         ele.articleTime = year + '-' + month + '-' + date;
      });
      res.render("index", {articles: articles});
   });
});
```

　　重新启动项目，可以在浏览器中看到文章的时间已经符合预期了，如图 12.13 所示。

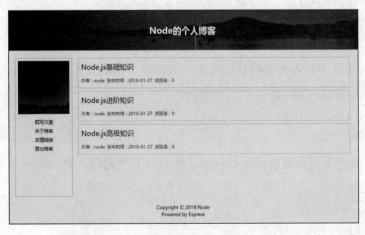

图 12.13　时间格式修改后的博客首页

这时给鼠标移入文章添加一些简单的特效，优化一下用户体验，在 main.css 中添加以下代码：

```
@keyframes move {
    from{
        transform:translate(0px, 0);
    }
    to{
        transform:translate(50px, 0);
    }
}
.main-articles-item:hover{
    animation:move 1.8s;
    animation-fill-mode: forwards;
}
```

这时可以发现，整个项目的前端页面有非常多可以重用的地方，比如网页的头部和尾部，几乎每个页面都会用到，前端页面的 head 标签内容也是完全一致的，这些内容在之后的博客页面依旧会用到，因此可以将这些东西分离出来重用。

在 views 文件夹下新建一个名为 public 的文件夹，在这个文件夹中分别新建 head.ejs、header.ejs、footer.ejs、aside.ejs 文件，在 head.ejs 中写入 head 标签的内容，即将以下代码写入这个文件：

```
<head>
    <meta charset="UTF-8">
    <title>Node 的个人博客</title>
    <meta http-equiv="X-UA-Compatible" content="IE=Edge,chrome=1">
    <meta name="description" content="Node 的个人博客，分享 Node.js 技术，不忘初心，共
同成长">
    <meta name="keywords" content="Node,Node.js,Node 的博客，Node.js 技术">
    <link rel="stylesheet" href="/css/normalize.css">
    <link rel="stylesheet" href="/css/main.css">
</head>
```

在 header.ejs 文件中写入博客网站的头部，即将以下代码写入 header.ejs 文件：

```
<header>
    <h1>Node 的个人博客</h1>
</header>
```

在 footer.ejs 文件中写入博客网站的尾部，即将以下代码写入 footer.ejs 文件：

```
<footer>
    <p>Copyright © 2018 Node</p>
    <p>Powered by Express</p>
```

```
</footer>
```

在 aside.ejs 文件中写入博客网站的侧边栏，即将以下代码写入 aside.ejs 文件：

```
<aside>
  <section class="main-aside-avatar">
      <img src="img/avatar.jpg" alt="">
  </section>
  <ul>
      <li><a href="">撰写文章</a></li>
      <li><a href="">关于博客</a></li>
      <li><a href="">友情链接</a></li>
      <li><a href="">登出博客</a></li>
  </ul>
</aside>
```

利用 ejs 的 include 方法可以将外部的 ejs 文件引入，引入的方法如下：

```
<%- include(文件路径)%>
```

可以通过这种方式将这些文件引入 login.ejs 文件和 index.ejs 文件，修改后的 login.ejs 文件内容如下：

```
<!DOCTYPE html>
<html lang="zh-cn"  class="login">
<%- include("./public/head.ejs")%>
<body>
<section>
   <form action="/login" method="POST">
      <div class="form-group">
         <input type="text" name="name" placeholder="登录名">
      </div>
      <div class="form-group">
         <input type="password" name="password" placeholder="密码">
         <%if(message) {%>
         <p> <%= message%> </p>
         <% } %>
      </div>
      <div class="form-group">
         <input type="submit" value="登录">
      </div>
   </form>
</section>
<%- include("./public/footer.ejs")%>
</body>
</html>
```

修改后的 index.ejs 文件内容如下：

```
<!DOCTYPE html>
<html lang="zh-cn">
<head>
    <%- include("./public/head.ejs")%>
</head>
<body>
<%- include("./public/header.ejs")%>
<section class="main floatfix">
  <%- include("./public/aside.ejs")%>
  <section class="main-articles">
   <ul>
      <% for(var  i = 0, max = articles.length; i < max; i++) {%>
     <li class="main-articles-item">
       <h2><a href=""><%= articles[i].articleTitle %></a></h2>
       <section class="main-articles-items-des">
        <p><span>作者：<%= articles[i].articleAuthor %></span><span>发布时间：<%=
articles[i].articleTime %></span><span>浏览量：<%= articles[i].articleClick
%></span></p>
       </section>
     </li>
      <% } %>
   </ul>
  </section>
</section>
<%- include("./public/footer.ejs")%>
</body>
</html>
```

12.2.4 博客文章内容页的实现

每篇文章都有一个内容页，当一个博客的文章量很大时，不可能为每篇文章的内容都单独设计一个路由。Express 提供了一种路由配置方式，在路由路径中使用一个占位符，通过这个占位符来判断不同的路由。这个博客项目中，每篇文章的 ID 是不同的，因此很适合作为占位符，在 route 文件夹下的 index.js 文件中添加以下代码：

```
/*文章内容页*/
router.get('/articles/:articleID', function(req, res, next) {
  var articleID = req.params.articleID;
  var query = 'SELECT * FROM article WHERE articleID=' + mysql.escape(articleID);
  mysql.query(query, function(err, rows, fields) {
    if(err) {
        console.log(err);
```

```
            return;
        }
    var article = rows[0];
     var year = article.articleTime.getFullYear();
     var month = article.articleTime.getMonth() + 1 > 10 ? article.articleTime.
getMonth() : '0' + (article.articleTime.getMonth() + 1);
        var date = article.articleTime.getDate() > 10 ? article.articleTime.
getDate(): '0' + article.articleTime.getDate();
        article.articleTime = year + '-' + month + '-' + date;
        res.render('article', {article:article});
    });
});
```

这里使用到的重要方法有 req.params。这个对象存储着请求时路由配置中占位符的真实内容，占位符使用"："开头表示，这里使用的是每篇文章的 ID。

文章内容的路由配置完成后，接下来就是视图模板的开发了。在 views 文件夹下新建一个名为 article.ejs 的文件，在这个文件中写入以下代码：

```html
<!DOCTYPE html>
<html lang="zh-cn">
<head>
    <%- include("./public/head.ejs")%>
</head>
<body>
<%- include("./public/header.ejs")%>
<section class="main floatfix">
    <%- include("./public/aside.ejs")%>
    <section class="main-articles articles">
        <section class="main-articles-title">
            <h2> <%=article.articleTitle%> </h2>
            <p>
                <span>作者: <%=article.articleAuthor%></span><span>发布时间:
<%=article.articleTime%></span><span>浏览量: <%=article.articleClick%></span>
            </p>
        </section>
        <section class="main-articles-content">
            <p><%=article.articleContent%></p>
        </section>
    </section>
    </section>
</section>
<%- include("./public/footer.ejs")%>
</body>
</html>
```

接下来需要为文章内容页添加样式，在 main.css 文件中继续写入以下代码：

```
section.articles{
    border: 1px solid #c0c0c0;
    min-height: 468px;
    padding: 0 15px;
}
.main-articles-title{
    border-bottom:1px solid #c0c0c0;
}
.main-articles-title h2{
    text-align: center;
}
.main-articles-title p{
    font-size:14px;
    text-align: center;
}
.main-articles-title p span{
    padding: 0 10px;
}
.main-articles-content p{
    text-indent: 2em;
    font-size:16px;
    line-height: 1.8em;
}
```

此时，重新启动项目，在浏览器中输入第一篇文章内容页的 URL，即 localhost:3000/articles/1，可以看到内容页已经出现在浏览器中了，如图 12.14 所示。

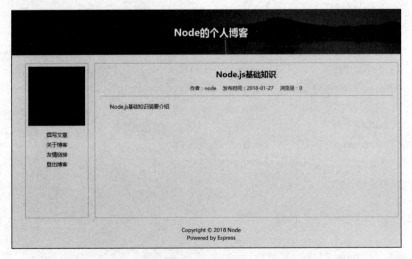

图 12.14　文章内容页

此时，文章内容页已经可以通过 URL 访问了。当然，对于一个整体来说，还需要在首页中添加文章的 URL，以方便访问者可以通过单击首页的链接直接访问文章内容。在 index.ejs 中添加文章内容页的 URL，具体如下：

```
<h2><a href="/articles/<%= articles[i].articleID%>"><%= articles[i].articleTitle
%></a></h2>
```

此时，通过浏览器访问博客首页后，可以发现已经可以直接通过单击跳转至文章内容页了。

还需要解决的问题是当用户访问文章内容页时，需要增加点击量，只需要对这篇文章的点击量加一即可，对文章内容页的路由处理修改为以下代码：

```
router.get('/articles/:articleID', function(req, res, next) {
  var articleID = req.params.articleID;
  var query = 'SELECT * FROM article WHERE articleID=' + mysql.escape(articleID);
  mysql.query(query, function(err, rows, fields) {
    if(err) {
        console.log(err);
        return;
    }
    var query = 'UPDATE article SET articleClick=articleClick+1 WHERE articleID='
+ mysql.escape(articleID);
    var article = rows[0];
    mysql.query(query, function(err, rows, fields) {
      if(err) {
          console.log(err)
          return;
      }
      var year = article.articleTime.getFullYear();
      var month = article.articleTime.getMonth() + 1 > 10 ?
article.articleTime.getMonth() : '0' + (article.articleTime.getMonth() + 1);
      var date = article.articleTime.getDate() > 10 ?
article.articleTime.getDate() : '0' + article.articleTime.getDate();
      article.articleTime = year + '-' + month + '-' + date;
      res.render('article', {article:article});
    });
  });
});
```

这时通过刷新浏览器可以发现每篇文章的浏览量都增加了。这个浏览量可以通过内容页和首页体现，如图 12.15 和图 12.16 所示。

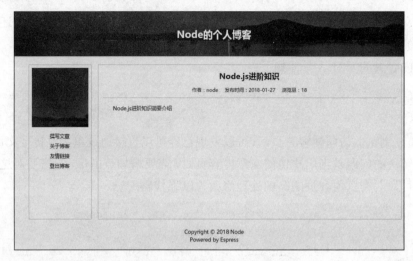

图 12.15　浏览量增加的文章内容页

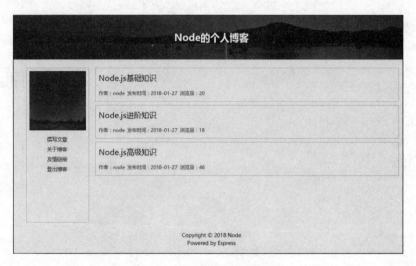

图 12.16　浏览量增加的首页

12.2.5　博客文章发布的实现

在前文中项目已经通过直接向 MySQL 中插入文章数据来查看博客首页的效果和文章内容页的效果，这里将直接实现文章在网页发布的功能。

文章发布的页面和登录页面非常类似，页面中只有一个表单，在 index.js 文件中添加对这个页面的路由处理，代码如下：

```
/*写文章页面*/
router.get('/edit', function(req, res, next) {
   res.render('edit');
});
```

接下来实现这个页面的视图层，在 views 文件夹中新建一个名为 edit.ejs 的文件，将以下

246

代码写入这个文件中：

```html
<!DOCTYPE html>
<html lang="zh-cn">
<head>
    <%- include("./public/head.ejs")%>
</head>
<body>
<%- include("./public/header.ejs")%>
<section class="main floatfix">
    <%- include("./public/aside.ejs")%>
    <section class="main-articles">
        <form action="/edit" method="POST" class="edit">
            <div class="form-group">
                <label for="">标题</label>
                <input type="text" name="title">
            </div>
            <div class="text-group">
                <label for="">内容</label>
                <textarea name="" name="content"></textarea>
            </div>
            <p><input type="submit" value="保存"></p>
        </form>
    </section>
</section>
<%- include("./public/footer.ejs")%>
</body>
</html>
```

接下来就是样式的实现，将以下代码添加到 main.css 文件中：

```css
.edit label,.editp label {
    width: 10%;
    text-align: right;
    display: inline-block;
}
.edit input,.edit textarea{
    border:1px solid #c0c0c0;
    border-radius: 3px;
    width: 85%;
    padding: 6px 5px;
    margin-left:20px;
}
.edit p{
    text-align: center;
}
.edit input[type="submit"] {
    width: 90px;
    height: 40px;
    background: #183D8E;
    color: #fff;
```

```
   cursor: pointer;
}
.form-group input {
   height: 24px;
}
.text-group textarea{
   height:350px;
}
.text-group label{
   vertical-align: top;
}
```

重新启动项目，在浏览器中输入 localhost:3000/edit 这个 URL，可以在浏览器中看到文章发布页面，如图 12.17 所示。

图 12.17　文章发布页面

此时和登录页面一样，在用户提交数据后需要操作数据库。这里需要将这些数据添加至 MySQL 数据库。在这之前还需要解决一个问题，就是如何能够识别当前登录的用户，从而将这个用户的姓名存储到数据库中。这就涉及 cookie 和 session 了。下面简要说明一下 cookie 和 session。

cookie 和 session 都是基于服务器的，cookie 存储在浏览器客户端，而 session 存储在服务器端。用户浏览网站时，会在浏览器客户端存储一些有关用户信息的内容，这些便是 cookie。当用户再次访问相同的网站时，服务器通过检查客户端的 cookie 数据而返回相应的内容。cookie 显然是通过客户端来保持状态的，而 session 则是通过服务器端来保持状态的。

session 数据存储在服务器端，当用户访问相同网站的时候，服务器端首先检查这个网页请求中是否含有一个 session 的标识，若有则在服务器端查找是否有相应的 session 数据以及这个数据是否过期，服务器根据结果返回相应的内容。一般来说，这个 session 标识可以称为 session id，这个 session id 必须是不易发现规律的字符串，以防止被其他用户盗取。

一般来说，不重要、不敏感的信息可以使用 cookie 存储，重要、敏感的信息应该使用 session

存储，因为 cookie 容易被网站攻击者盗取。

使用 express-session 模块前需要通过 NPM 安装：

```
npm install express-session -dev-save
```

安装 express-session 模块之后在 app.js 文件中引入：

```
var session = require('express-session');
```

引入 express-session 模块之后添加以下代码使用这个模块：

```
/*应用的 session 配置*/
app.use(session({
    secret:'blog',
    cookie:{maxAge:1000*60*24*30},
    resave: false,
    saveUninitialized: true
}));
```

若需要判断当前登录的用户是谁，则需要在用户登录的时候将用户信息添加到 session 中。在 index.js 中的登录路由 post 请求中查询完用户信息后，将用户信息添加到 session 中，代码如下：

```
req.session.user = user;
```

此时，登录 post 请求的处理代码如下：

```
/*登录通过 session 验证*/
router.post('/login', function(req, res, next) {
    var name = req.body.name;
    var password = req.body.password;
    var hash = crypto.createHash('md5');
    hash.update(password);
    password = hash.digest('hex');
    var query = 'SELECT * FROM author WHERE authorName=' + mysql.escape(name) + '
AND authorPassword=' + mysql.escape(password);
    mysql.query(query, function(err, rows, fields) {
        if(err) {
            console.log(err);
            return;
        }
        var user = rows[0];
        if(!user) {
            res.render('login', {message:'用户名或者密码错误'});
            return;
        }
        req.session.user = user;
```

```
    res.redirect('/');
  });
});
```

此时，用户登录后，用户的信息就会存储在 session 中。当用户发布文章时，将这些信息提取出来就可以了。

在 index.js 中添加用户发布文章的 post 请求处理，将以下代码添加到 index.js 文件中：

```
router.post('/edit', function(req, res, next) {
  var title = req.body.title;
  var content = req.body.content;
  var author = req.session.user.authorName;
  var query = 'INSERT article SET articleTitle=' + mysql.escape(title) +
',articleAuthor=' + mysql.escape(author) + ',articleContent=' +
mysql.escape(content) + ',articleTime=CURDATE()';
  mysql.query(query, function(err, rows, fields) {
    if(err) {
      console.log(err);
      return;
    }
    res.redirect('/');
  });
});
```

重新启动项目，登录博客后添加文章并保存，可以在博客项目的首页看到保存的文章，单击就可以看到文章的内容了，如图 12.18 和图 12.19 所示。

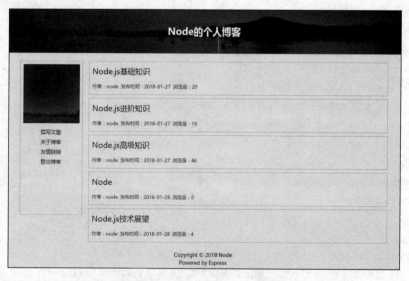

图 12.18　添加文章后的博客首页

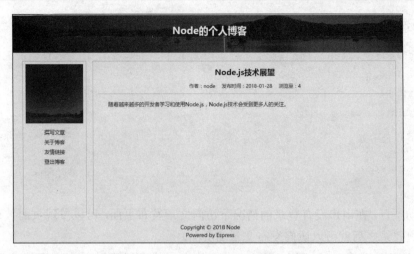

图 12.19　添加的文章内容页

此时，用户已经可以通过博客项目来添加文章了，但是现在这个项目中存在两个明显的问题：一是用户添加的文章是出现在博客首页的文章列表最后的，良好的用户体验应该是让最近发布的文章出现在首页文章列表的最前方；二是用户没有登录也可以访问发布文章这个页面，此时单击"保存"会引起错误，因为并不能从 session 中提取登录用户的信息。

第一个问题通过改变首页选取数据库记录的 SQL 语句就可以解决。将 SQL 语句改为以下代码：

```
var query = 'SELECT * FROM article ORDER BY articleID DESC';
```

重新启动项目，在浏览器中访问项目首页，可以看到文章倒序出现在首页中，如图 12.20 所示。

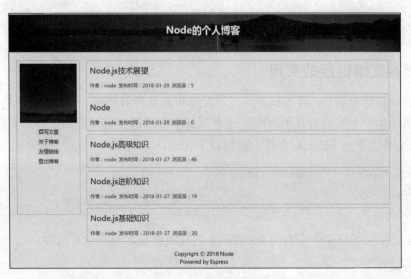

图 12.20　文章倒序排列的博客首页

第二个问题只要在用户访问文章发布页面的时候做一个判断，判断 session 中是否存在用户信息，不存在就将页面重定向至登录页面。将访问文章发布页面的路由处理修改为以下代码：

```
router.get('/edit', function(req, res, next) {
    var user = req.session.user;
    if(!user) {
        res.redirect('/login');
        return;
    }
    res.render('edit');
});
```

重新启动项目，在用户没有登录的情况下访问文章发布页面，可以发现页面被重定向至登录界面，用户登录之后就可以访问发布文章的页面。

最后将文章页面的 URL 写入 aside.ejs 文件中，就可以通过单击来直接访问这个发布页面了：

```
<aside>
    <section class="main-aside-avatar">
        <img src="/img/avatar.jpg" alt="">
    </section>
    <ul>
        <li><a href="/edit">撰写文章</a></li>
        <li><a href="">关于博客</a></li>
        <li><a href="">友情链接</a></li>
        <li><a href="">登出博客</a></li>
    </ul>
</aside>
```

此时文章发布的功能就实现了。

12.2.6　博客友情链接的实现

此时博客项目已有雏形，具备基本的文章发布和文章查看功能。为了让整个项目看起来更加完整，这里添加一个友情链接的页面。这个项目中友情链接页面是一个静态页面。

在 route 文件夹下的 index.js 文件中添加以下代码：

```
router.get('/friends', function(req, res, next){
    res.render('friends');
});
```

在 views 文件夹下新建一个名为 friends.ejs 的视图模板，写入以下内容：

```
<!DOCTYPE html>
<html lang="zh-cn">
<head>
    <%- include("./public/head.ejs")%>
```

```
</head>
<body>
<%- include("./public/header.ejs")%>
<section class="main floatfix">
    <%- include("./public/aside.ejs")%>
    <section class="main-articles friends">
        <h2>Node 的友情链接网站</h2>
        <ul class="floatfix">
            <li><a href="https://github.com">GitHub</a></li>
            <li><a href="https://cnodejs.org/">CNode</a></li>
            <li><a href="https://segmentfault.com/">SegmentFault</a></li>
            <li><a href="https://google.com">Google</a></li>
            <li><a href="https://www.npmjs.com">NPM</a></li>
            <li><a href="https://ruby-china.org/">Ruby China</a></li>
            <li><a href="http://www.w3school.com.cn">W3CSchool</a></li>
            <li><a href="https://developer.mozilla.org">MDN</a></li>
        </ul>
    </section>
</section>
<%- include("./public/footer.ejs")%>
</body>
</html>
```

在 main.css 文件中写入以下代码作为这个页面的样式：

```css
.friends h2{
  text-align:center;
}
.friends li{
    float:left;
    width:25%;
    height:30px;
    line-height:30px;
}
.friends li a:hover{
    color:#183D8E;
}
```

重新启动项目，可以在浏览器中看到友情链接页面，如图 12.21 所示。

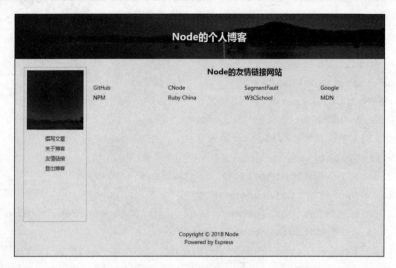

图 12.21　友情链接页面

此时，一个静态的友情链接页面已经构建完成。

12.2.7　关于博客页面的实现

关于博客页面和友情链接页面类似，也是一个静态页面。

在 route 文件夹下的 index.js 文件中添加以下代码：

```
router.get('/about', function(req, res, next) {
  res.render('about');
});
```

在 views 文件夹下新建一个名为 about.ejs 的视图模板，写入以下内容：

```
<!DOCTYPE html>
<html lang="zh-cn">
<head>
    <%- include("./public/head.ejs")%>
</head>
<body>
<%- include("./public/header.ejs")%>
<section class="main floatfix">
    <%- include("./public/aside.ejs")%>
    <section class="main-articles about">
        <h2>关于博客</h2>
        <p>本博客主要分享 Node.js 和前端技术，希望和大家共同成长。</p>
    </section>
</section>
<%- include("./public/footer.ejs")%>
</body>
</html>
```

在 main.css 文件中写入以下代码作为这个页面的样式：

```
.about h2{
    text-align: center;
}
.about p{
    text-indent: 2em;
}
```

重新启动项目，可以在浏览器中看到关于博客页面，如图 12.22 所示。

图 12.22　关于博客页面

12.2.8　博客 404 页面的实现

404 页面依旧是一个静态页面，在所有路由都没有匹配到的情况下就作为 404 处理。

将 app.js 文件中原来对 404 页面的处理修改为如下代码：

```
app.use(function(req, res, next) {
    res.render('404');
});
```

在 views 文件夹中新建一个名为 404.ejs 的视图文件，添加以下代码：

```
<!DOCTYPE html>
<html lang="zh-cn" class="not-found">
<head>
    <%- include("./public/head.ejs")%>
</head>
<body>
<h2>404,你来到了没有信息的沙漠</h2>
</body>
```

```
</html>
```

在 main.css 中添加以下代码作为 404 页面的样式：

```
.not-found, .not-found body{
    height:100%;
    width:100%;
}
.not-found body{
    background-image:url("../img/404.jpg");
    background-size:100% 100%;
    background-repeat: no-repeat;
}
.not-found h2{
    text-align: center;
    font-size:24px;
    position:absolute;
    width:100%;
    color:#fff;
}
```

重新启动项目，在浏览器中输入一个 404 的 URL，如 localhost:3000/aaaa，可以看到 404 页面已经呈现，如图 12.23 所示。

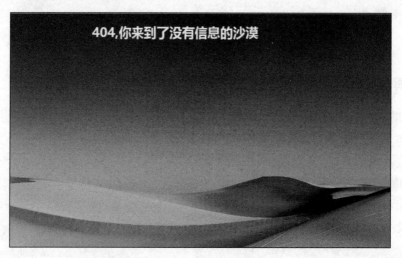

图 12.23　项目 404 页面

12.2.9　博客侧边栏的优化

整个博客项目基本成形，但是目前并不能通过侧边栏来跳转到各个页面，需要优化一下侧边栏。

本项目设定，当用户已登录博客时，侧边栏中显示"登出博客"；当用户没有登录博客时，侧边栏中显示"登录博客"。

将 aside.ejs 文件修改为以下代码：

```
<aside>
    <section class="main-aside-avatar">
        <img src="/img/avatar.jpg" alt="">
    </section>
    <ul>
        <li><a href="/">博客首页</a></li>
        <li><a href="/about">关于博客</a></li>
        <li><a href="friends">友情链接</a></li>
        <li><a href="/edit">撰写文章</a></li>
        <li><a href="/login">登录博客</a></li>
    </ul>
</aside>
```

重新启动项目，可以发现博客已经可以通过侧边栏来实现各个页面的跳转了。

判断用户是否登录，只需要判断用户是否在 session 中，当在页面中渲染视图时，将这个结果传递给模板即可。以关于博客页面为例，将路由处理修改为如下代码：

```
router.get('/about', function(req, res, next) {
  res.render('about', {user:req.session.user});
});
```

同时，将 aside.ejs 文件修改为以下代码：

```
<aside>
    <section class="main-aside-avatar">
        <img src="/img/avatar.jpg" alt="">
    </section>
    <ul>
        <li><a href="/">博客首页</a></li>
        <li><a href="/about">关于博客</a></li>
        <li><a href="friends">友情链接</a></li>
        <li><a href="/edit">撰写文章</a></li>
        <% if(user) { %>
        <li><a href="/logout">登出博客</a></li>
        <% } else { %>
        <li><a href="/login">登录博客</a></li>
        <% } %>
    </ul>
</aside>
```

重新启动项目，可以发现侧边栏已经可以通过判断用户是否登录来显示不同的内容了，如图 12.24 和图 12.25 所示。

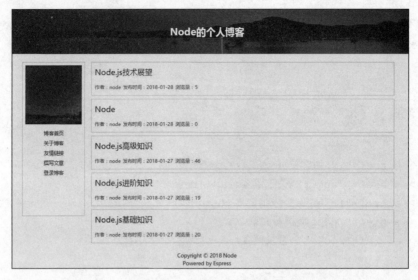

图 12.24　用户未登录的首页

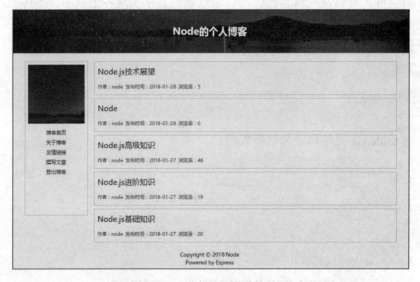

图 12.25　用户已经登录的首页

接下来实现用户登出博客的功能。在 index.js 文件中添加以下代码：

```
router.get('/logout', function(req, res, next) {
  req.session.user = null;
  res.redirect('/');
});
```

重新启动项目，可以发现用户通过单击即可登出博客。

12.2.10　博客修改文章的实现

博客中的文章难免会需要修改，现在整个项目并不能修改文章，这里将实现文章修改的功能。

在 index.js 文件中添加以下代码：

```
router.get('/modify/:articleID', function(req, res, next) {
    var articleID = req.params.articleID;
    var user = req.session.user;
    var query = 'SELECT * FROM article WHERE articleID=' + mysql.escape(articleID);
    if(!user) {
        res.redirect('/login');
        return;
    }
    mysql.query(query, function(err, rows, fields) {
        if(err) {
            console.log(err);
            return;
        }
        var article = rows[0];
        var title = article.articleTitle;
        var content = article.articleContent;
        console.log(title,content);
        res.render('modify', {user:user,title: title, content: content});
    });
});
```

接下来添加文章的视图模板，在 views 文件夹下新建一个名为 modify.ejs 的模板文件，写入以下代码：

```
<!DOCTYPE html>
<html lang="zh-cn">
<head>
    <%- include("./public/head.ejs")%>
</head>
<body>
<%- include("./public/header.ejs")%>
<section class="main floatfix">
    <%- include("./public/aside.ejs")%>
    <section class="main-articles">
        <form action="" method="POST" class="edit">
            <div class="form-group">
                <label for="">标题</label>
                <input type="text" name="title" value="<%= title %>">
            </div>
            <div class="text-group">
                <label for="">内容</label>
                <textarea name="content"><%= content %></textarea>
```

```
        </div>
        <p><input type="submit" value="保存"></p>
      </form>
    </section>
</section>
<%- include("./public/footer.ejs")%>
</body>
</html>
```

　　重新启动项目，登录之后在浏览器中输入 localhost:3000/modify/1，就可以看到第一篇文章的修改页面，如图 12.26 所示。

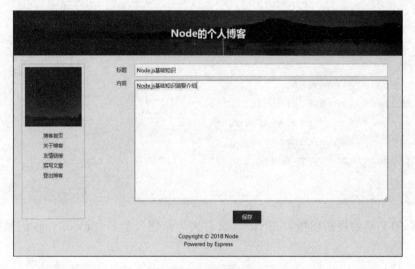

图 12.26　文章修改页面

　　这时文章修改页面已经可以在登录之后正常访问了。接下来添加文章修改后的数据库操作，在 index.js 文件中添加以下代码：

```
router.post('/modify/:articleID', function(req, res, next) {
    var articleID = req.params.articleID;
    var user = req.session.user;
    var title = req.body.title;
    var content = req.body.content;
    var query = 'UPDATE article SET articleTitle=' + mysql.escape(title) +
',articleContent=' + mysql.escape(content) + 'WHERE articleID=' +
mysql.escape(articleID);
    mysql.query(query, function(err, rows, fields) {
        if(err) {
            console.log(err);
            return;
        }
        res.redirect('/');
```

```
  });
});
```

重新启动项目，已经可以正常修改文章内容了。例如，第一篇文章修改后的内容页面如图
12.27 所示。

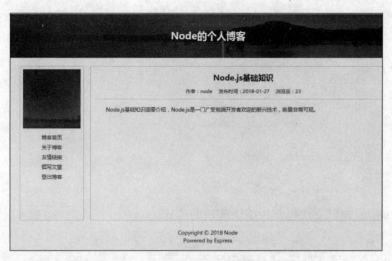

图 12.27　第一篇文章修改后的内容页面

接下来在博客首页中添加每篇文章修改的链接。修改 index.ejs 文件，添加编辑页面的链接：

```
<p>
  <span>作者：<%= articles[i].articleAuthor %></span>
  <span>发布时间：<%= articles[i].articleTime %></span>
  <span>浏览量：<%= articles[i].articleClick %></span>
  <% if(user) {%>
  <span class="modify"><a href="/modify/<%= articles[i].articleID %>">编辑
</a></span>
<% } %>
</p>
```

此时，index.ejs 文件的内容如下：

```
<!DOCTYPE html>
<html lang="zh-cn">
<head>
    <%- include("./public/head.ejs")%>
</head>
<body>
<%- include("./public/header.ejs")%>
<section class="main floatfix">
  <%- include("./public/aside.ejs")%>
  <section class="main-articles">
    <ul>
      <% for(var i = 0, max = articles.length; i < max; i++) {%>
    <li class="main-articles-item">
      <h2><a href="/articles/<%= articles[i].articleID%>"><%=
articles[i].articleTitle %></a></h2>
```

```
    <section class="main-articles-items-des">
      <p>
        <span>作者：<%= articles[i].articleAuthor %></span>
        <span>发布时间：<%= articles[i].articleTime %></span>
        <span>浏览量：<%= articles[i].articleClick %></span>
        <% if(user) {%>
        <span class="modify"><a href="/modify/<%= articles[i].articleID %>">
编辑</a></span>
        <% } %>
      </p>
    </section>
  </li>
    <% } %>
  </ul>
 </section>
</section>
<%- include("./public/footer.ejs")%>
</body>
</html>
```

在 main.css 中添加以下代码作为编辑链接的样式：

```
span.modify{
   float:right;
}
span.modify a:hover{
   color:#183D8E;
}
```

重新启动项目，在登录之后就可以通过首页的编辑链接直接跳转至每篇文章的编辑页面，如图 12.28 所示。

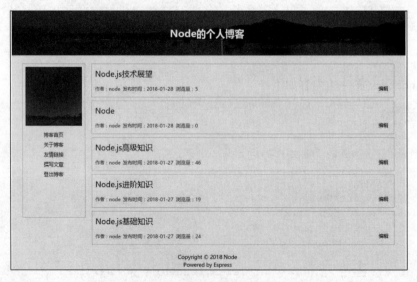

图 12.28　添加编辑链接的首页

12.2.11　博客删除文章的实现

博客中的文章难免会有删除的时候，这里将实现删除文章的功能。

在 index.js 文件中添加以下代码：

```
router.get('/delete/:articleID', function(req, res, next) {
    var articleID = req.params.articleID;
    var user = req.session.user;
    var query = 'DELETE FROM article WHERE articleID=' + mysql.escape(articleID);
    if(!user) {
        res.redirect('/login');
        return;
    }
    mysql.query(query, function(err, rows, fields) {
        res.redirect('/')
    });
});
```

接下来在博客首页中添加每篇文章删除的链接。修改 index.ejs 文件，添加删除文章的链接：

```
<p>
  <span>作者：<%= articles[i].articleAuthor %></span>
  <span>发布时间：<%= articles[i].articleTime %></span>
  <span>浏览量：<%= articles[i].articleClick %></span>
  <% if(user) {%>
  <span class="delete"><a href="/delete/<%= articles[i].articleID %>">删除
</a></span>
  <span class="modify"><a href="/modify/<%= articles[i].articleID %>">编辑
</a></span>
  <% } %>
</p>
```

此时，index.ejs 文件内容如下：

```
<!DOCTYPE html>
<html lang="zh-cn">
<head>
    <%- include("./public/head.ejs")%>
</head>
<body>
<%- include("./public/header.ejs")%>
<section class="main floatfix">
  <%- include("./public/aside.ejs")%>
  <section class="main-articles">
    <ul>
      <% for(var i = 0, max = articles.length; i < max; i++) {%>
    <li class="main-articles-item">
      <h2><a href="/articles/<%= articles[i].articleID%>"><%=
```

```
articles[i].articleTitle %></a></h2>
      <section class="main-articles-items-des">
        <p>
          <span>作者：<%= articles[i].articleAuthor %></span>
          <span>发布时间：<%= articles[i].articleTime %></span>
          <span>浏览量：<%= articles[i].articleClick %></span>
          <% if(user) {%>
          <span class="delete"><a href="/delete/<%= articles[i].articleID %>">
删除</a></span>
          <span class="modify"><a href="/modify/<%= articles[i].articleID %>">
编辑</a></span>
          <% } %>
        </p>
      </section>
    </li>
    <% } %>
  </ul>
  </section>
</section>
<%- include("./public/footer.ejs")%>
</body>
</html>
```

在 main.css 中添加以下代码作为删除链接的样式：

```
span.delete{
    float:right;
}
span.delete a:hover{
    color:#183D8E;
}
```

重新启动项目，登录之后可以通过首页的删除链接来删除这篇文章。删除第一篇文章后的首页如图 12.29 所示。

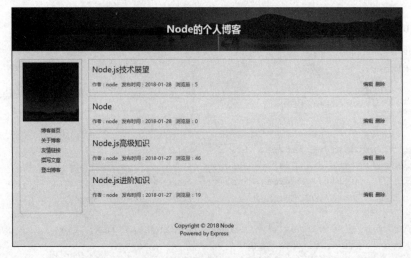

图 12.29　删除第一篇文章后的首页

12.2.12　博客文章分页的实现

当博客文章数量多的时候，将所有文章放在同一个页面显然对用户来说是不友好的。下面实现文章分页的功能。

文章分页在这里规定每个页面最多 8 篇文章，可利用 URL 中的 query 字符串来实现。数据库中的 SQL 查询可以通过 LIMIT 语句限制文章的篇数，通过查询当前数据库中文章的总篇数来判断是否需要分页，如果文章的总篇数超过 8 篇就分页，不超过 8 篇则不分页。

在 route 文件夹下的 index.js 文件中对首页的处理修改为以下代码：

```
router.get('/', function(req, res, next) {
    var page = req.query.page || 1;
    var start = (page - 1) * 8;
    var end = page * 8;
    var queryCount = 'SELECT COUNT(*) AS articleNum FROM article'
    var queryArticle = 'SELECT * FROM article ORDER BY articleID DESC LIMIT ' + start
+ ',' + end;
    mysql.query(queryArticle, function(err, rows, fields){
        var articles = rows;
        articles.forEach(function(ele) {
            var year = ele.articleTime.getFullYear();
            var month = ele.articleTime.getMonth() + 1 > 10 ?
ele.articleTime.getMonth() : '0' + (ele.articleTime.getMonth() + 1);
            var date = ele.articleTime.getDate() > 10 ? ele.articleTime.getDate() :
'0' + ele.articleTime.getDate();
            ele.articleTime = year + '-' + month + '-' + date;
        });
        mysql.query(queryCount, function(err, rows, fields) {
            var articleNum = rows[0].articleNum;
            var pageNum = Math.ceil(articleNum / 8);
            res.render("index", {articles:
articles,user:req.session.user,pageNum:pageNum,page:page});
        });
    });
});
```

在首页的模板中添加分页的实现：

```
<%if(pageNum > 1) { %>
<section class="page">
 <% for(var i = 1, max = pageNum; i <= max; i++) { %>
 <span <% if(i == page){%> class="active" <% } %>><a
href="/?page=<%=i%>"><%=i%></a></span>
 <% } %>
</section>
```

```
<% } %>
```

此时 indes.ejs 模板中的代码应该如下：

```
<!DOCTYPE html>
<html lang="zh-cn">
<head>
    <%- include("./public/head.ejs")%>
</head>
<body>
<%- include("./public/header.ejs")%>
<section class="main floatfix">
  <%- include("./public/aside.ejs")%>
  <section class="main-articles">
    <ul>
      <% for(var i = 0, max = articles.length; i < max; i++) {%>
    <li class="main-articles-item">
        <h2><a href="/articles/<%= articles[i].articleID%>"><%=
articles[i].articleTitle %></a></h2>
        <section class="main-articles-items-des">
          <p>
            <span>作者：<%= articles[i].articleAuthor %></span>
            <span>发布时间：<%= articles[i].articleTime %></span>
            <span>浏览量：<%= articles[i].articleClick %></span>
            <% if(user) {%>
            <span class="delete"><a href="/delete/<%= articles[i].articleID %>">
删除</a></span>
            <span class="modify"><a href="/modify/<%= articles[i].articleID %>">
编辑</a></span>
          <% } %>
          </p>
      </section>
    </li>
      <% } %>
    </ul>
    <%if(pageNum > 1) { %>
  <section class="page">
    <% for(var i = 1, max = pageNum; i <= max; i++) { %>
    <span <% if(i == page){%> class="active" <% } %>><a
href="/?page=<%=i%>"><%=i%></a></span>
    <% } %>
  </section>
  <% } %>
</section>
```

```
</section>
<%- include("./public/footer.ejs")%>
</body>
</html>
```

在 main.css 中添加分页的样式，写入以下代码：

```
.page{
    text-align:center;
    margin-top:15px;
}
.page span{
    display: inline-block;
    background: #fff;
    width: 24px;
    margin: 0 5px;
    line-height: 24px;
    height: 24px;
}
.page span a{
    display: block;
}
.page span.active a{
    background: #183D8E;
    color:#fff;
}
.page span:hover a{
    background: #183D8E;
    color:#fff;
}
```

重新启动项目，添加几篇文章，当文章的篇数大于 8 篇时就会出现分页，文章篇数小于 8 篇时不会分页，单击分页按钮可以实现跳转，如图 12.30 和图 12.31 所示。

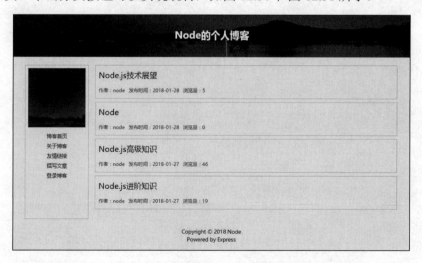

图 12.30　文章篇数小于 8 篇时不分页

图 12.31　文章篇数大于 8 篇时分页

文章分页的功能就实现了。

12.3 项目总结

在本章中，我们通过一个简单的个人博客项目进一步了解了 Express 框架和 MySQL 的使用，通过前端界面设计、数据库设计、后端路由开发介绍了整个项目的开发流程。当然，有兴趣的读者还可以继续优化这个项目，如添加评论功能、标签分类功能等。

第 13 章
使用Meteor+MongoDB
开发任务清单

　　一个任务清单项目是众多语言和框架学习的第一步。任务清单就是平时提到的 ToDo List。一个任务清单项目虽然简单，但是往往能展现这个框架的核心。Meteor 是一个里程碑式的全栈开发平台。正如其名，Meteor 的魅力在于快速开发、减少重复工作。MongoDB 是 Meteor 官方推荐使用的数据库。本章将通过实际编码来实现一个任务清单项目。

　　通过本章的学习可以掌握以下内容：

- 连接 MySQL 数据库并进行操作。
- 连接 MongoDB 数据库并进行操作。
- 了解数据库的基础知识。

13.1　项目准备

13.1.1　Meteor 和 MongoDB 的安装

　　Meteor 和 MongoDB 作为本次开发的平台和使用的数据库，在项目开始时，应该确保 Meteor 和 MongoDB 已经安装好。

　　有关 Meteor 的安装，只需要在官方网站下载对应的操作系统的版本进行安装即可。Meteor 的官方网站地址是 https://www.meteor.com/，在安装之前应该确保已经安装 Node.js，如图 13.1 所示。

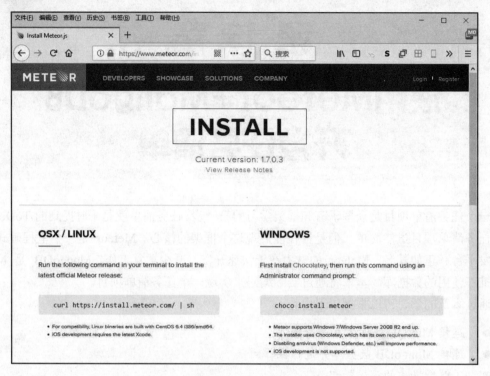

图 13.1　安装 Meteor

MongoDB 的安装同样是在官方网站下载对应的版本即可，在前面的章节中已经详细介绍过，这里就不再赘述了。MongoDB 的官方网站地址是 https://www.mongodb.com/。

Meteor 和 MongoDB 安装完成之后，使用 meteor--version 命令查看 Meteor 版本以确保安装成功：

```
meteor --version
```

确保安装完成之后使用 meteor create list 命令来创建项目：

```
meteor create list
```

经过一段时间的安装，安装完成之后在命令行中可以看到 Meteor 已经指示了如何启动整个项目，如图 13.2 所示。

```
PS C:\Users\haruji\Desktop> meteor create list
Created a new Meteor app in 'list'.

To run your new app:
  cd list
  meteor

If you are new to Meteor, try some of the learning resources here:
  https://www.meteor.com/learn

meteor create --bare to create an empty app.
meteor create --full to create a scaffolded app.
```

图 13.2　项目初始化完成后的界面

按照指示使用命令来启动这个项目：

```
cd list
meteor
```

启动这个项目的过程中，Meteor 也同时启动了 MongoDB，命令行界面指示项目运行的端口已经停止项目运行的命令，如图 13.3 所示。

图 13.3　项目启动的命令行界面

在浏览器中输入 http://localhost:3000/，可以看到 Meteor 默认初始页面，如图 13.4 所示。

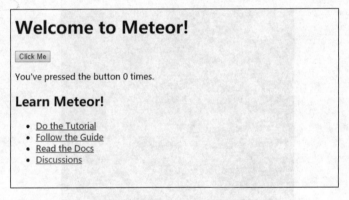

图 13.4　Meteor 默认初始页面

在 Meteor 项目中使用命令行 meteor mongo 即可打开 MongoDB，这对开发中数据的初始测试非常有用。

13.1.2　项目设计

一个任务清单应该具备的基本功能是可以增加任务、删除任务、完成任务，可用一张简单的草图表示，如图 13.5 所示。

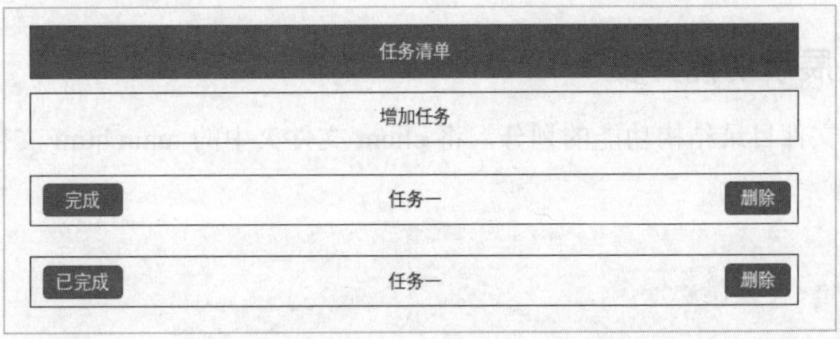

图 13.5　项目草图

在数据库方面的设计需要表明当前任务的状态、任务的具体内容，在 MongoDB 中表示类似于：

```
{
    id: 123233,
    content: '任务一',
    complete:  false
}
```

完成基本的功能设计之后需要对项目的目录结构进行设计。在项目的根目录下新建一个 public 文件夹作为存放静态资源的文件夹，新建一个 imports 文件夹作为开发过程中主要使用的文件夹，在 imports 文件夹下新建一个名为 models 的文件夹作为数据的文件夹，新建一个名为 controllers 的文件夹作为主要的逻辑控制文件夹，同时新建一个名为 views 的文件夹作为 HTML 文件存放的文件夹，整个项目的目录结构大致如图 13.6 所示。

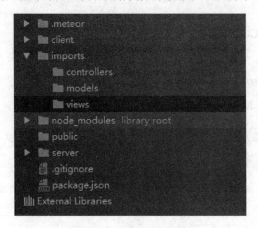

图 13.6　项目目录结构

此时项目开发的准备已经完成。

13.2　项目开发

13.2.1　项目展示功能开发

按照上文中文件目录结构功能的划分，将 client 文件夹中的 main.html 文件内容修改为以下内容：

```
<head>
  <title>任务清单</title>
</head>
```

在 views 文件夹下新建一个名为 index.html 的文件，写入以下内容：

```
<body>
<div class="container">
    {{> listHead}}
    {{> listInput}}
    {{> listContent}}
</div>
</body>
```

在这个结构中已经非常明确地将页面划分成了三部分，在 views 文件夹中新建三个分别名为 listHead.html、listInput.html、listContent.html 的文件。其中，listHead.html 文件的内容如下：

```
<!--定义 listHead 模板-->
<Template name="listHead">
    <h1>任务清单</h1>
</Template>
```

listInput.html 文件的内容如下：

```
<!--定义 listInput 模板-->
<Template name="listInput">
    <form action="">
        <input type="text" placeholder="添加一个待办事项">
    </form>
</Template>
```

listContent.html 文件的内容如下：

```
<!--定义 listContent 模板-->
<template name="listContent">
    <ul class="listContainer">
    <!--循环 lists 内容，每项都使用 listItem 模板-->
    {{#each lists}}
        {{> listItem}}
    {{/each}}
    </ul>
</template>
```

这个文件中再次将任务的条数分隔为不同的模板。再新建一个名为 listItem.html 的文件，写入以下内容：

```
<!--定义 listItem 模板-->
<template name="listItem">
    <li>
        <input type="checkbox">
        {{content}}
```

```
    <input type="button" value="删除">
  </li>
</template>
```

此时基本的模板内容开发完毕，接下来试着填充一些数据使整个内容可见。

在 controllers 文件夹中新建名为 index.js 和 listContent.js 的文件。其中，index.js 文件作为该文件夹中所有文件的导出文件，listContent.js 文件对应于 listContent.html 文件中的数据。

向 listContent.js 文件中写入以下内容：

```
import { Template } from 'meteor/templating';
import '../views/listContent.html';

/*定义 listContent 的数据*/
Template.listContent.helpers({
  lists(){
    return [{content: '任务一'},{content: '任务二'}]
  }
});
```

最后利用 index.js 文件将其导出即可：

```
    import '../views/listHead.html';
    import '../views/listInput.html';
import '../views/listItem.html';
import './listContent';
```

将 client 文件夹下 main.js 文件中的内容修改为以下内容：

```
import './../imports/controllers';
import './../imports/views/index.html';
```

利用命令行工具运行 meteor run 指令即可在本地服务器的 3000 端口看到如图 13.7 所示的页面，说明数据已经可以在页面中展示出来了。

图 13.7　初始页面

13.2.2　项目页面美化

一个优秀的应用必然少不了漂亮、美观的 UI 界面，这一小节将着重介绍页面的美化工作。

　　在 public 文件夹中添加一个名为 bg.jpg 的文件，因为 public 文件夹中的文件将会发送到 client，所以直接使用即可。向 main.css 中写入以下内容：

```
*{
    padding:0;
    margin: 0;
}
html,body{
    width: 100%;
    height: 100%;
}
body{
    background: url('/bg.png') no-repeat;
    background-size: 100%;
}
.container{
    width:98%;
    margin: 0 auto;
}
.container h1{
    background: #2998d0;
    color: #fff;
    text-align:center;
    height: 3em;
    line-height:3em;
    font-size: 18px;
}
.container form{
    width:100%;
}
.container form input{
    height: 60px;
    line-height: 60px;
    margin: 10px 0;
    padding: 0 5px;
    display: block;
    width: 100%;
    box-sizing: border-box;
}
.container ul {

}
.container ul li{
```

```
    width: 100%;
    list-style:none;
    background: #fff;
    padding: 10px 5%;
    margin: 10px 0;
    box-sizing: border-box;
    position: relative;
    font-size: 14px;
    height:40px;
    line-height: 20px;
}
.container ul li .delete{
    position:absolute;
    right:2%;
    color:#8c0707;
}
.container ul li input{
    width:18px;
    height:18px;
    position:absolute;
    left:2%;
    background: #fff;
}
```

打开页面，可以看到整个页面变得更加美观了，如图 13.8 所示。

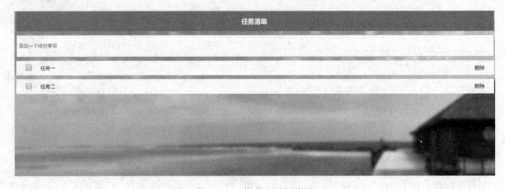

图 13.8　优化后的页面

13.2.3　项目数据库开发

Meteor 使用 MongoDB 作为后端数据库。MongoDB 使用集合和文档的概念。创建一个集合只需要使用 new Mongo.Collection()即可，同时在 Meteor 中数据库可以直接映射到前端。在 models 文件夹中新建一个名为 index.js 的文件，利用这个文件来创建 MongoDB 数据库的文档，在这个文件中写入以下内容：

```
/*从 meteor 中引入 mongo*/
import { Mongo } from 'meteor/mongo';

/*实例化 lists 集合*/
const Lists = new Mongo.Collection('lists');

export default Lists;
```

　　完成文档的创建之后需要将数据展现在前端页面。在前面的章节中，我们在 listContent 模板上使用的是自己填入的数据，而在实际中需要真正使用数据库中的数据，只需要在 listContent 中将数据库中的数据查找出来填充即可。在 MongoDB 中使用 find()方法即可将所有的数据以数组的形式查找出来。将 listContent 的文件内容修改为以下内容：

```
/*从 meteor 中引入 Template*/
import { Template } from 'meteor/templating';
import Lists from './../models/index';
import '../views/listContent.html';

  /*将 Lists 集合的数据找出作为 listContent 模板的数据 */
Template.listContent.helpers({
  lists(){
    return Lists.find({});
  }
});
```

　　因为创建这个文档的同时也需要在 server 端执行，所以将其导入即可，也就是将 server 文件夹下的 main.js 文件修改为以下内容：

```
import { Meteor } from 'meteor/meteor';
import '../imports/models';

/*meteor 项目启动时触发*/
Meteor.startup(() => {
  // code to run on server at startup
});
```

　　此时页面中没有任何任务内容，因为数据库中没有内容。可以通过命令行填充部分数据，在项目根目录下使用命令行工具运行命令 meteor mongo：

```
meteor mongo
```

　　连接好 MongoDB 数据库之后即可使用命令进行数据库的增删查改。运行以下命令手动增加两条数据：

```
db.lists.insert({content:'hello world'});
db.lists.insert({content:'hello meteor'});
```

运行完毕，可以看到项目页面同时出现了这两项任务，如图 13.9 所示。

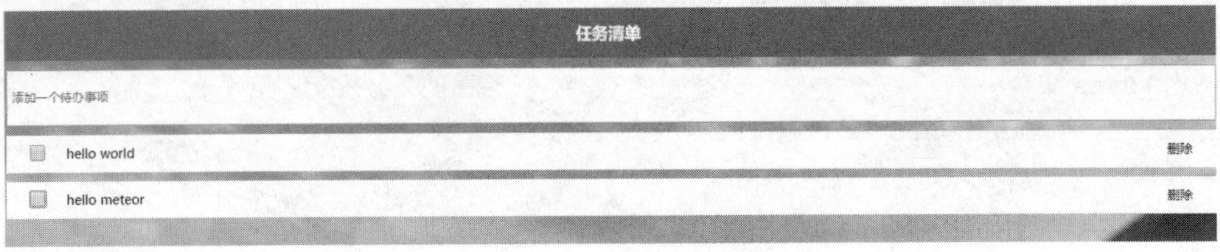

图 13.9　从数据库中调取数据

13.2.4　项目操作逻辑开发

此时页面中已经可以展示数据库中的数据了，但是并不能实现任务的增删，本小节将实现这些功能。

Meteor 中每个模板的事件可以使用 Template.body.events 定义。同时，因为前端已经具备了操作数据库的功能，所以直接在事件中对数据进行操作即可，不再需要像传统的项目那样，提交到后端来处理。

向 controllers 文件夹中的 listContent.js 文件中添加增加任务的功能。添加任务使用 submit 事件进行处理即可，即添加以下内容：

```
/*定义相应的事件*/
Template.body.events({

  /*提交任务的事件处理*/
  'submit form'(event){
  event.preventDefault();
  const text = event.target.text.value;
  if(text.trim().length > 0) {
    Lists.insert({content: text});
    event.target.text.value = '';

  }
  }
});
```

在浏览器页面的输入框中添加任务内容，按 Enter 键之后就可以看到任务已经添加到任务栏中了。

得益于 Meteor 的模板数据上下文，删除任务实现也是非常简单的，可继续在 events 中添加以下内容：

```
/*删除任务的事件处理函数*/
'click .delete'(){
  Lists.remove({_id: this._id});
}
```

更新任务是否完成的功能实现如下：

```
/*更新任务是否完成的事件处理函数*/
'change .listContainer li'(event){
    Lists.update(this._id, {$set: {completed: !this.completed}});
}
```

整体事件处理代码如下：

```
/*定义相应的事件*/
Template.body.events({

    /*提交任务的事件处理*/
  'submit form'(event){
    console.log(this);
    event.preventDefault();
    const text = event.target.text.value;
    if(text.trim().length > 0) {
      Lists.insert({content: text});
      event.target.text.value = '';
    }
  },

    /*删除任务的事件处理函数*/
  'click .delete'(){
    console.log(this);
    Lists.remove({_id: this._id});
  },

    /*更新任务是否完成的事件处理函数*/
  'change .listContainer li'(event){
    Lists.update(this._id, {$set: {completed: !this.completed}});
  }
});
```

此时在浏览器中已经可以添加和删除任务了，但是并不能直观地发现任务是否完成，可以通过判断任务是否完成来将相应的任务以不同的样式标识出来。将 listItem.html 文件修改为以下内容：

```
<template name="listItem">
    <!--根据任务是否完成来显示不同的样式-->
    <li class="{{#if completed}} completed {{/if}}">
        <input type="checkbox">
        {{content}}
        <span class="delete">删除</span>
```

```
    </li>
</template>
```

向 main.css 中添加以下内容：

```
.container ul li.completed{
    text-decoration: line-through;
    color:#b7b6b6;
}
```

此时已经可以向项目中添加、删除和更新任务，完成了项目的基本功能。不过为了使新添加的项目可以在整个项目列表的最前方，还需要对项目的创建时间进行倒序排序。新建一个 createAt 字段，将添加任务的事件处理函数修改为以下内容：

```
/*提交任务的事件处理*/
'submit form'(event){
  event.preventDefault();
  const text = event.target.text.value;

  /*将新任务存放在数据库中*/
  if(text.trim().length > 0) {
    Lists.insert({content: text, createdAt: new Date()});
    event.target.text.value = '';
  }
},
```

将任务的展示数据进行排序，修改代码为以下内容：

```
/*定义数据*/
Template.listContent.helpers({
    lists(){

    /*倒序排列任务*/
    return Lists.find({},{sort:{createdAt: -1}});
  }
});
```

任务项目就可以按照创建时间倒序排列了。

在一个任务清单中，同样应该使用户能够清楚地了解到哪些任务完成了、哪些任务没有完成。下面在项目中添加这个功能。将 views 文件夹下的 listHead.html 文件修改为以下内容：

```
<Template name="listHead">
    <h1>任务清单
    <select name="type" class="lists-type">
        <option value="全部">全部</option>
        <option value="已完成">已完成</option>
```

```
            <option value="未完成">未完成</option>
    </select>
    </h1>
</Template>
```

同时在 main.css 文件中添加以下内容作为样式：

```
select.lists-type{
    font-size: 14px;
    display: block;
    float: right;
    height: 40px;
    border: 1px solid #777;
    border-radius: 5px;
    width: 70px;
    position: absolute;
    right:2%;
    top:7px;
}
```

在这里需要思考一个问题：如何才能保存用户选择的清单展示类型呢？最简单的方法就是利用一个变量，然而 listHead 和 listContent 属于不同的模板并且不属于同一个文件，也就是说一个简单的 JavaScript 变量并不能完成这个任务。这时可以利用 Meteor 中的 session。将变量作为 session 存储在内存中就可以方便地取用了。在 controllers 文件夹中新建一个名为 listHead.js 的文件，写入以下内容：

```
import { Template } from 'meteor/templating';

/*引入 Session*/
import { Session } from 'meteor/session';

/*事件处理*/
Template.listHead.events({
  'change .lists-type'(event, instance){
    const index = event.target.selectedIndex;

    /*设置 session*/
    Session.set('listType', index);
  }
});
```

此时展示类型已经存储在 session 中了，只需要在调用数据的时候将 session 取出来，根据这个值来对数据进行选择即可。将 listContent 模板的 helpers 取用修改为以下内容：

```
lists(){
```

```
    /*取出 session 中 listType 的值*/
    const listType = Session.get('listType');

    /*根据 listType 的值来显示不同的任务内容*/
  if(listType){
    if(listType === 1){
    /*显示所有已经完成的任务 */
      return Lists.find({completed: true}, {sort: {createdAt: -1}})
    } else if(listType === 2) {
    /*显示所有未完成的任务 */
      return Lists.find({completed: false}, {sort: {createdAt: -1}})
    }
  }

    /*显示所有任务 */
  return Lists.find({},{sort:{createdAt: -1}});
}
```

同样在插入数据的时候应该设置一个 completed:false 字段，将表单提交事件修改为以下内容：

```
import { Template } from 'meteor/templating';
import Lists from './../models/index';

/*定义事件*/
Template.listInput.events({
  'submit form'(event){
    event.preventDefault();
    const text = event.target.text.value;
    if(text.trim().length > 0) {
      Lists.insert({content: text, createdAt: new Date(), completed: false});
      event.target.text.value = '';
    }
  },
});
```

此时在浏览器的 http://losthost:3000 网址就可以通过选择来对任务进行分类了。

13.3 发布与订阅

在上文的 Meteor 项目中，在服务端和浏览器端都可以操作数据库，并且所有的数据都同步映射到了客户端。这在实际开发中是不推荐的。当然这是因为 Meteor 项目默认集成了 autopublish 包，所有的数据都会自动映射到客户端，因此在项目上线之前我们应该把这个包去掉，同时去掉的包还有 insecure。

删除一个 Meteor 包是非常简单的，可以使用以下命令删除上面的两个包：

```
meteor remove autopublish insecure
```

运行完成之后可以在命令行中看到这两个包已经删除的提示，如图 13.10 所示。

```
Changes to your project's package version selections:

autopublish  removed from your project
insecure     removed from your project

insecure: removed dependency
autopublish: removed dependency
```

图 13.10　删除包

删除这两个包之后我们需要使用 Meteor 的发布－订阅模式获取数据，同时需要利用 Meteor.methods 来定义相应的方法。

首先我们需要在创建集合之后定义对应的操作数据库的方法，将 models 文件夹下的 index.js 文件内容修改为以下内容：

```
/*引入 mongo*/
import { Mongo } from 'meteor/mongo';

/*创建集合*/
const Lists = new Mongo.Collection('lists');

/*定义操作这个集合的方法*/
Meteor.methods({

   /*新建任务的方法*/
  'lists.insert'(text){
    Lists.insert({
      content: text,
      createdAt: new Date(),
      completed: false
    });
  },

   /*删除任务的方法*/
  'lists.delete'(id){
    Lists.remove({_id: id});
  },

   /*更新任务是否完成的方法*/
  'lists.update'(id,completed){
    Lists.update(id, {$set: {completed: completed}});
  }
```

```
});

/*导出*/
export default Lists;
```

在这段代码中定义了相应的操作数据库的方法,因此在客户端触发各个事件时需要调用相应的数据库操作方法来对数据进行操作。

在 Meteor 中直接使用 Meteor.call 方法即可调用定义在 Meteor.methods 下的方法。这个函数的第一个参数是需要调用的函数的名字,其他参数对应于调用函数需要传入的参数值。

根据 Meteor 的数据上下文,非常容易得到这些方法的参数,因此将添加任务的事件处理函数修改为以下内容:

```
/*新建任务的事件处理*/
'submit form'(event){
  event.preventDefault();
  const text = event.target.text.value;
  if(text.trim().length > 0) {

    /*调用 lists.insert 方法*/
    Meteor.call('lists.insert', text);
    event.target.text.value = '';
  }
},
```

删除任务的事件处理函数如下:

```
/*删除任务的事件处理函数*/
'click .delete'(){
    /*调用 lists.delete 函数*/
    Meteor.call('lists.delete',this._id);
},
```

更新任务是否完成的事件处理函数如下:

```
/*更新任务完成与否的事件处理函数*/
'change .listContainer li'(event){
    /*调用 lists.update 函数*/
    Meteor.call('lists.update', this._id, !this.completed);
}
```

这相当于我们对项目的事件处理函数都进行了一次重写。

利用 Meteor 的发布—订阅机制,我们需要判断是否为服务端,如果是服务端就进行发布;如果是客户端就进行订阅。

使用 Meteor.isServer 就可以确保其中的代码只运行在服务端,使用 Meteor.publish()方法即可发布。在 models 文件夹下的 index.js 文件中添加以下内容:

```
/*进行发布*/
if(Meteor.isServer) {
  Meteor.publish('lists', function () {
```

```
    return Lists.find();
  });
}
```

这个文件的所有内容如下。

```
import { Mongo } from 'meteor/mongo';

const Lists = new Mongo.Collection('lists');

if(Meteor.isServer) {
  Meteor.publish('lists', function () {
    return Lists.find();
  });
}

Meteor.methods({
  'lists.insert'(text){
    Lists.insert({
      content: text,
      createdAt: new Date(),
      completed: false
    });
  },

  'lists.delete'(id){
    Lists.remove({_id: id});
  },

  'lists.update'(id,completed){
    Lists.update(id, {$set: {completed: completed}});
  }
});

export default Lists;
```

在服务端进行发布之后，在客户端使用 Meteor.subscribe 方法就可以订阅了。如果在项目创建的时候进行订阅，就可以将订阅放在 Template.body.onCreated()中，代码如下：

```
/*订阅*/
Template.body.onCreated(function() {
  Meteor.subscribe('tasks');
});
```

打开浏览器，项目依旧正常运行，如图 13.11 所示。

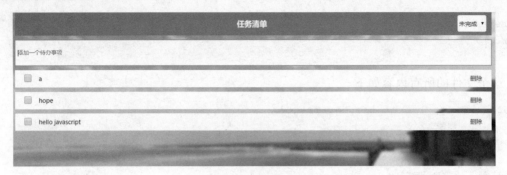

图 13.11　项目运行截图

至此，一个简单的任务清单项目就完成了。

13.4 项目总结

本章通过一个任务清单项目简单了解了 Meteor 项目的开发。从中可以发现 Meteor 开发速度非常快。这是一个里程碑式的创新。感兴趣的读者可以对这个项目进行进一步的开发。

第 14 章

◄ 开发和发布一个Node.js包 ►

NPM 已经成为当今最大的包管理平台。开发一个流行的 Node.js 模块是众多 Node.js 爱好者的梦想，因此本章将开发一个简单的 Node.js 包。

通过本章的学习可以掌握以下内容：

● 开发 Node.js 包的要点。
● Node.js 包的发布。

14.1   Node.js 包的设计

Node.js 模块数量的快速增加极大地促进了 Node.js 技术的发展。现在 Node.js 和 JavaScript 的开源模块数量已经远远超过其他语言，NPM 也一跃成为最大的包管理平台。这是一个良性的循环。

作为一个开发者，参与到开源社区中，不仅可以提高个人技术，还可以促进各大语言技术的发展。本章将简单开发一个 package，并将其发布到 NPM 上。

一个 Node.js 的 package 必须有一个 index.js 文件作为入口文件，其他库文件应存放在 libs 文件夹下。一个合格的 NPM 的 package 应该经过测试并存有必要的文档，因此需要建立一个 test 和 doc 文件夹作为测试文件和文档文件存放的文件夹。整个项目的项目目录如图 14.1 所示。

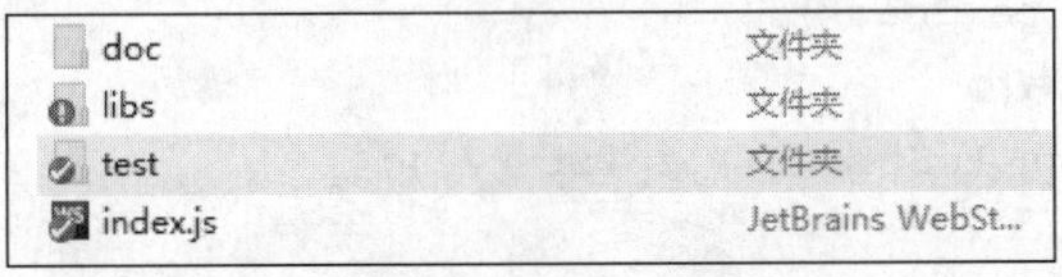

doc	文件夹
libs	文件夹
test	文件夹
index.js	JetBrains WebSt...

图 14.1   项目目录结构

本章开发的 NPM 包的定位是一个没有任何依赖的文件操作库。在本书前面的章节中已经详细介绍了 Node.js 的文件系统功能，不过 Node.js 的文件操作 API 并不能让我们轻易地操作文件，因此一个易于操作文件的库在实际开发中是非常有必要的。

在 libs 文件夹下新建 mkdir.js、rmdir.js、touch.js、remove.js 四个文件作为创建文件夹、删除文件夹、新建文件、删除文件功能的开发文件，如图 14.2 所示。

图 14.2　libs 文件夹下的文件

Node.js 创建文件夹的不足在于不能创建一个多层级的文件夹。例如，需要创建一个 test/hello 文件夹时，如果 test 文件夹不存在，那么这个文件夹下的 hello 文件夹创建将会失败。在实际开发中，这样的需求是非常常见的。在这里规定创建文件夹时必须以相对路径./表示，也就是说要逐层创建文件夹，因此需要分割创建文件夹的路径。可以简单地将字符串转化为数组，创建文件夹时拼接字符串即可。在 mkdir.js 文件中写入以下内容：

```
function mkdir(path, callback) {
    /*将路径按斜线分割为数组*/
    var pathArr = path.toString().split('/');

    /*逐个遍历路径数组中的值并创建相应的目录 */
    for(var i = 1; i < pathArr.length; i++) {
        var newPath = pathArr.slice(0,i+1).join('/');
        fs.mkdirSync(newPath);
    }
    callback && callback();
}
```

这样就可以一次性创建多层目录了。为了防止重复创建，在创建文件夹之前先判断文件夹是否存在，从而判断出是否创建文件夹，然后导出这个方法即可。整个文件的内容如下：

```
/*引入 fs 模块*/
var fs = require('fs');

function mkdir(path, callback) {
    /*将路径按斜线分割为数组*/
    var pathArr = path.toString().split('/');

    /*逐个遍历路径数组中的值*/
    for(var i = 1; i < pathArr.length; i++) {
        var newPath = pathArr.slice(0,i+1).join('/');

    /*判断路径是否存在*/
        var exists = fs.existsSync(newPath);
        if(exists) {
            return;
        }
    }
```

```
/*路径不存在则创建*/
    fs.mkdirSync(newPath);
  }
  callback && callback();
}

/*导出方法*/
module.exports = mkdir;
```

　　删除文件夹的思路类似,不过在删除文件夹之前需要删除其子文件及子文件夹,删除文字文件夹只需要使用迭代的思想即可。**rmdir.js** 文件的内容如下:

```
/*引入 fs 模块*/
var fs = require('fs');

function rmdir(path, callback) {
    /*判断需要删除的文件或文件夹是否存在*/
    var exists = fs.existsSync(path);
    if(!exists) {
    return;
    }

    /*读取文件夹中的所有文件及文件夹*/
    var files = fs.readdirSync(path);

    /*遍历读取到的数组值 */
    for(var i = 0; i < files.length; i++) {
      var curPath = path + '/' + files[i];

    /*判断是否是文件夹 */
      if(fs.statSync(curPath).isDirectory()) {

    /*是文件夹则迭代该方法 */
        rmdir(curPath)
      } else {
    /*是文件则删除文件 */
        fs.unlinkSync(curPath);
      }
    }
    fs.rmdirSync(path);
    callback && callback();
}

module.exports = rmdir;
```

创建文件的思路是逐级解析文件路径中包含的一级级目录之后最终对应的文件。touch.js
文件的内容如下：

```
/*引入 fs 模块*/
var fs = require('fs');

function touch(path, callback) {
    /*将路径按斜线分割为数组*/
 var pathArr = path.toString().split('/');

    /*遍历读取到的数组值 */
 for(var i = 1; i < pathArr.length; i++) {
    var newPath = pathArr.slice(0,i+1).join('/');

    /*判断文件或者文件夹是否存在 */
    var exists = fs.existsSync(newPath);
    if(exists) {
    return;
    }

    /*若是数组的最后一项则创建文件 */
    if(i === (pathArr.length - 1)) {
    var fd = fs.openSync(newPath, 'w');
    fs.closeSync(fd);
    } else{

    /*若非数组最后一项则创建文件夹 */
    fs.mkdirSync(newPath);
    }
 }
 callback && callback();
}

/*导出方法*/
module.exports = touch;
```

删除文件的功能非常简单，删除之前只需要判断提供的路径是否为文件即可。remove.js
文件内容如下：

```
/*引入 fs 模块*/
var fs = require('fs');

function remove(path, callback) {
    /*判断路径是否存在*/
```

```
   var exists = fs.existsSync(path);
   if(!exists) {
   return;
   }
   /*判断传入的路径是否为文件*/
   if(fs.statSync(path).isFile()) {
   fs.unlinkSync(path);
   callback && callback();
   }
}

module.exports = remove;
```

复制文件及文件夹的功能稍微复杂一些，在复制的同时需要创建文件夹和文件，因此可以直接使用上文中开发的 mkdir 方法，并对文件的内容进行写入（使用一个简单的流即可）。copy.js 文件的内容如下：

```
/*引入 fs 模块*/
var fs = require('fs');

/*引入 mkdir 方法*/
var mkdir = require('./mkdir');

function copy(src, dist) {
   /*引入被复制的路径是否存在*/
 var existsSrc = fs.existsSync(src);

   /*引入输出的路径是否存在*/
 var existsDist = fs.existsSync(dist);
 var filename, distPath, srcPath, readAble, writeAble;
 if(!existsSrc) {
   return;
 }

   /*输出路径不存在则创建文件夹*/
 if(!existsDist) {
   mkdir(dist);
 }

   /*判断是否是文件复制 */
 if(fs.statSync(src).isFile()) {

   /*利用正则获取路径中的文件名 */
   filename = src.toString().match(/\/([^\/]+)$/g)[0];
```

```
    distPath = dist + filename;

    /*利用文件流写入文件内容 */
    readAble = fs.createReadStream(src);
    writeAble = fs.createWriteStream(distPath);
    readAble.pipe(writeAble);
  } else {

    /*路径是文件夹的处理逻辑 */
    var paths = fs.readdirSync(src);
    for(var i = 0; i < paths.length; i++) {
      srcPath = src + '/' + paths[i];
      distPath = dist + '/' + paths[i];

    /*是文件夹中的文件则通过文件流创建和写入文件 */
      if(fs.statSync(srcPath).isFile()) {
        readAble = fs.createReadStream(srcPath);
        writeAble = fs.createWriteStream(distPath);
        readAble.pipe(writeAble);
      } else if(fs.statSync(srcPath).isDirectory()) {

    /*是文件夹则迭代方法*/
        copy(srcPath, distPath);
      }
    }
  }
}

/*导出方法 */
module.exports = copy;
```

剪切文件功能可以通过 rename 方法实现，只不过在剪切的过程中需要判断剪切的是文件还是文件夹。cut.js 文件的内容如下：

```
/*引入 fs 模块*/
var fs = require('fs');

/*引入 mkdir 方法*/
var mkdir = require('./mkdir');

function cut(src, dist) {
    /*引入被剪切的路径是否存在*/
  var existsSrc = fs.existsSync(src);

    /*引入输出的路径是否存在*/
  var existsDist = fs.existsSync(dist);
```

```
  var filename, distPath, srcPath, readAble, writeAble;
  if(!existsSrc) {
    return;
  }

    /*输出路径不存在则创建文件夹*/
  if(!existsDist) {
    mkdir(dist);
  }

    /*判断是否是文件剪切 */
  if(fs.statSync(src).isFile()) {
    filename = src.toString().match(/\/([^\/]+)$/g)[0];
    distPath = dist + filename;
    fs.renameSync(src, distPath);
  } else {

    /*若为文件夹则读取文件夹 */
    var paths = fs.readdirSync(src);
    for(var i = 0; i < paths.length; i++) {
      srcPath = src + '/' + paths[i];
      distPath = dist + '/' + paths[i];
      fs.renameSync(srcPath, distPath);
    }
  }
}

/*导出方法 */
module.exports = cut;
```

最后通过 index.js 文件将所有的方法导出。index.js 文件的内容如下：

```
/*引入方法*/
var mkdir = require('./libs/mkdir');
var remove = require('./libs/remove');
var rmdir = require('./libs/rmdir');
var touch = require('./libs/touch.js');
var copy = require('./libs/copy.js');
var cut = require('./libs/cut.js');

/*导出方法*/
module.exports = {
  mkdir: mkdir,
  remove: remove,
  rmdir: rmdir,
  touch: touch,
  copy: copy,
  cut: cut
};
```

这样一个简单的文件操作库就创建完成了。当然，目前其功能非常简陋，有兴趣的读者不妨继续丰富相关的功能。

14.2 发布到 NPM 上

目前 NPM 是 Node.js 最大的包管理平台，将自己开发的 Node.js 包发布到 NPM 上既方便其他开发者下载使用这个包，也可以让其他开发者检验这个包是否含有未解决的 Bug。

在 NPM 包发布之前需要在 NPM 官方网站上进行注册。在 NPM 的官方网站上单击 Sign Up 填写相应的账号信息，即可进行 NPM 账号的注册，如图 14.3 所示。

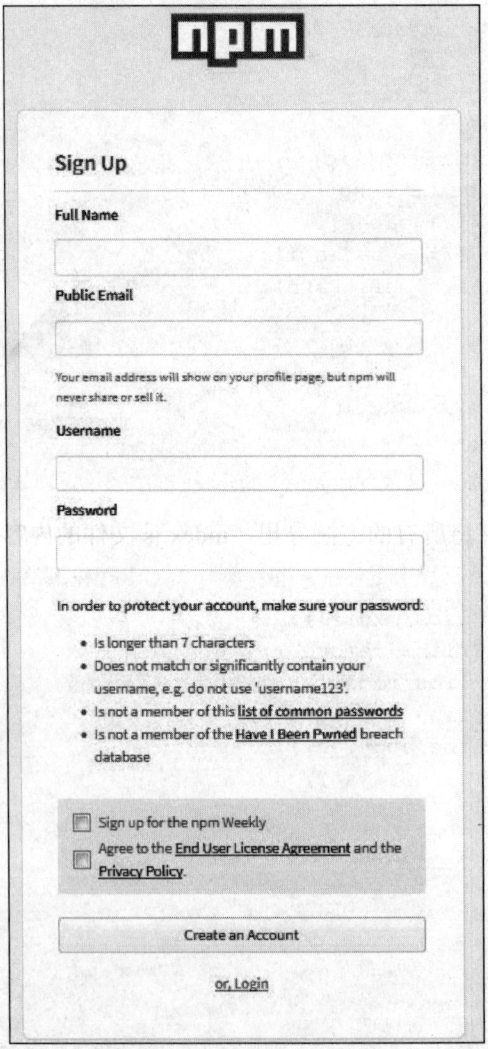

图 14.3　NPM 账号注册页面

当然，也可以通过命令行来创建 NPM 账号。运行 npm adduser 命令之后填写相应的信息即可完成一个 NPM 包的注册，如图 14.4 所示。

```
npm adduser
```

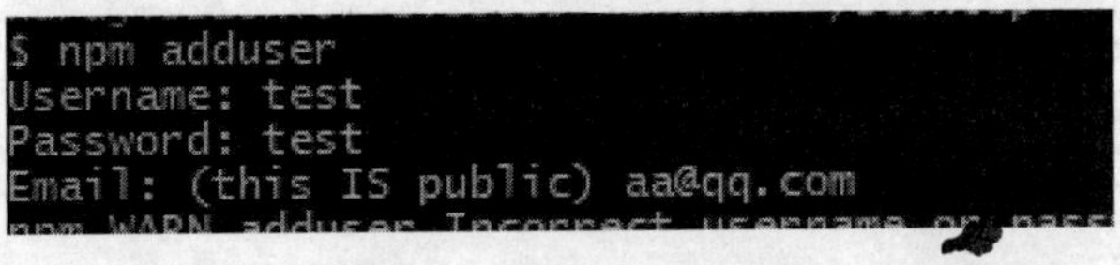

图 14.4　使用命令行注册账号

账号注册完成后可使用 **npm login** 命令填写相应的账号信息来登录已经注册好的账号。

```
npm login
```

使用 **npm init** 命令生成一个 package.json 文件，填写相应的 Node.js 包信息，内容如下：

```
{
  "name": "fs-easy",
  "version": "0.0.1",
  "description": "An easy use libraray for node.js",
  "main": "index.js",
  "directories": {
    "doc": "doc",
    "test": "test"
  },
  "scripts": {
    "test": "test"
  },
  "repository": {
    "type": "git",
    "url": "git+https://github.com/huruji/fs-easy.git"
  },
  "keywords": [
    "fs",
    "node.js"
  ],
  "author": "huruji",
  "license": "ISC",
  "bugs": {
    "url": "https://github.com/huruji/fs-easy/issues"
  },
  "homepage": "https://github.com/huruji/fs-easy#readme"
}
```

在发布之前，我们需要让开发者了解发布包的作用，所以要为开发者提供一个 API 说明和简单的运行示例。当一个包的 API 简单时，可以通过一个 readme.md 文件来简要说明；当 API 比较复杂时，可以在上文中创建的 doc 文件夹下进行详细的说明。

发布一个 NPM 包时只需要使用简单的 **npm publish** 命令即可：

```
npm publish
```

NPM 包发布成功之后，在 NPM 官方网站登录自己的账号，在 Profile 面板下即可看到发布的 NPM 包，如图 14.5 所示。

图 14.5　NPM 个人主页

单击相应的包之后就可以进入相应包的主页。在这个包的 Stats 下可以看到下载情况，以了解自己开发的这个 Node.js 的流行程度，如图 14.6 所示。

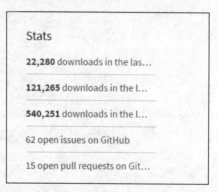

图 14.6　Vue.js 的 Stats 情况

当一个 Node.js 包在 NPM 上发布之后，就可以使用 npm install 命令来下载相应的包了：

```
npm install fs-easy
```

当这个包下载成功之后就可以在 package.json 中看到相应的包和包版本信息了。在 node_modules 文件夹中可以看到下载的包。

14.3　图标和徽章

在 GitHub 上的一些项目中，常常会在 readme.md 上出现图标，例如 Vue.js 的 readme.md

状态图标，如图 14.7 所示。

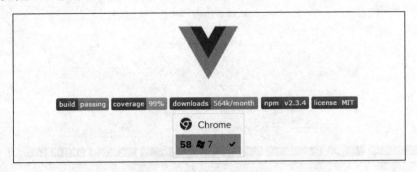

图 14.7　Vue.js 的项目图标

为自己的项目添加相应的状态图标不仅可以使自己的项目更加靠谱、更加高端，还有利于项目的推广。

生成状态图标的方式比较简单，首推 shields 网站（网址是 https://shields.io/）。在这个网站的首页可以看到相应的图标，如图 14.8 所示。

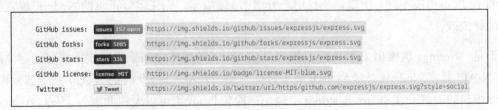

图 14.8　shields 首页提供的项目图标

直接在这个网站的首页输入框中写入相应项目的 GitHub 地址即可生成一些图标。例如，输入 express 的项目地址，就会自动生成推荐的 issues、forks、stars、license、Twitter 图标徽章，如图 14.9 所示。

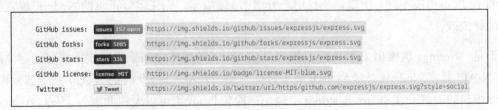

图 14.9　shields 推荐的图标

将这些图标引入 readme.md 的方式也非常简单，只需要按照 markdown 的语法将这个图标后面的图标地址写入 readme.md 就可以了。

当然这个网站同时支持自定义项目的图标。在需要展示项目大小、项目运行平台、项目版本等信息时就可以使用自定义图标。

可以在项目的推荐图标之后选择自定义图标的名称、状态和图标颜色，如图 14.10 所示。

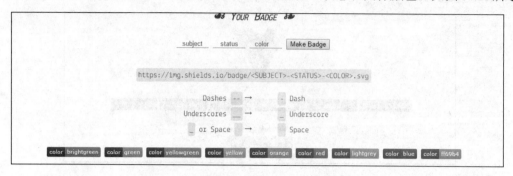

图 14.10　shields 自定义图标

在输入框中输入相应的内容，完成之后单击 Make Badge 按钮即可生成。

当然在开源项目中还常常会看到 build passing 这样的图标（见图 14.11）。这种图标可以通过 Travis-cli 网站获取。

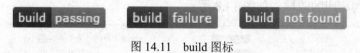

图 14.11　build 图标

14.4　**Node.js v10 中的 N-API 应用**

14.4.1　N-API 介绍

我们先来讲一讲什么是 N-API，它具体是做什么用的。就如同前文中编写的 Node 扩展一样，很多开发者都或多或少地遇到过升级 Node 版本后，导致 Node 扩展编译失败的情况。主要就是因为 Node 扩展严重依赖于 Google Chrome v8 所暴露的 API，而恰恰 Node 不同版本所依赖的 v8 版本可能不同。所以，一旦用户升级 Node 版本，原先运行正常的 Node 扩展就很可能会编译失败。

于是，Node.js 就推出了 N-API 功能来解决 Node 跨版本之间原生模块的兼容问题。严格来讲，N-API 是在 Node.js 升级到 v8.0 版本时提增加的新特性，但此时的 N-API 只是试验模式，使用该模块的时候会在 stderr 或 stdout 中输出一段警告，我们可以无视此警告。不过，在 Node.js 最新发布的 v10 版本中，N-API 功能就是默认支持的了。

N-API 之所以能够避免版本兼容的问题，主要原因就是 N-API 是使用 C 语言来写原生 Node 扩展的，这样就与底层 JS 引擎（v8）无关。因此，只要 N-API 暴露的 API 足够稳定，那么 Node 扩展的编写者就不用过分担忧 Node 升级所带来的兼容问题。

14.4.2　N-API 环境准备

使用 N-API 功能首先要确保系统中安装了 Node.js v10 版本（至少是 Node.js v8 以上版本），安装方法参考本书第 1 章中的内容。

然后，继续安装 node-gyp 扩展插件，因为之后编译用户自定义 Node 扩展时需要，具体方法如下：

```
npm install node-gyp
```

最后就可以创建项目目录，并初始化 package.json 文件了，具体方法如下：

```
mkdir n-api-test & cd n-api-test        # 项目目录名根据需要来定义
npm init -f        # 初始化 package.json 文件，使用-f 选项
```

14.4.3　编写扩展

项目目录创建好之后，就可以编写扩展文件了。首先，在项目目录下创建一个 src 文件目录（存放 C 语言扩展源文件）。具体方法如下：

```
mkdir src
```

然后，继续创建 addon.c 作为 Node 扩展的源文件。具体方法如下：

```
touch addon.c        # linux 环境
cd.>addon.c        # windows 环境
```

编辑 test.c，输入如下内容。

```
#include <node_api.h>

napi_value Method(napi_env env, napi_callback_info info) {
  napi_value napiVal;
  const char* str = "Hello N-API!";
  size_t str_len = strlen(str);
  NAPI_CALL(env, napi_create_string_utf8(env, str, str_len, &napiVal));
  return napiVal;
}

void Init(napi_env env, napi_value exports) {
  napi_property_descriptor desc = DECLARE_NAPI_PROPERTY("moduleHello", Method);
  NAPI_CALL(env, napi_define_properties(env, exports, 1, &desc));
  return exports;
}

NAPI_MODULE("moduleHello", Init);
```

14.4.4 编译扩展

编写好扩展文件后，就可以编译该扩展文件了。首先，定义一个编译描述文件 binding.gyp，具体内容如下：

```
{
  "targets": [
    {
      "target_name": "addon",
      "sources": [ "./src/addon.c" ]
    }
  ]
}
```

然后，运行如下命令进行编译：

```
node-gyp rebuild
```

14.4.5 调用扩展

为了调用 Node 扩展，需要先安装 bindings 扩展插件。具体内容如下：

```
npm install bindings
```

然后，创建 app.js 入口文件，调用刚编译的扩展。具体内容如下：

```
var addon = require('bindings')('addon');
console.log(addon.moduleHello());
```

下面就可以运行代码了。由于 N-API 当前尚处于 Experimental 阶段，记得加上 --napi-modules 标记。

```
node --napi-modules app.js
```

在控制台输出内容的效果如图 14.12 所示。

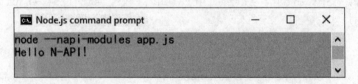

图 14.12　调用 N-API 效果

14.5 总结

在开发 Node.js 项目的过程中，学会使用各种各样的包会给开发提供大量的便捷服务。在开发 Node.js 包的时候，package.json 不仅应该作为项目的配置文件，也应该是项目的依赖描述文件。在实际开发过程中，提供稳定的测试和使用示例是让人们信赖的依据。同时，项目的推广也离不开一个简洁完整的文档说明。一个完整的文档说明可以让其他开发者迅速了解项目的作用，进而使用这个项目。在开发中，将项目同时发布到 NPM 是一个不错的习惯，以便其他开发者下载和使用这个 Node.js 包。